Packt>

Dapr与.NET微服务实战

[意]达维德·贝丁（Davide Bedin） 著
成海霞 等 译
敖小剑 审校

人 民 邮 电 出 版 社
北 京

图书在版编目（CIP）数据

Dapr与.NET微服务实战 / (意) 达维德·贝丁
(Davide Bedin) 著 ; 成海霞等译. -- 北京 : 人民邮电
出版社, 2023.5
ISBN 978-7-115-61185-7

Ⅰ. ①D… Ⅱ. ①达… ②成… Ⅲ. ①互联网络－网络
服务器 Ⅳ. ①TP368.5

中国国家版本馆CIP数据核字(2023)第029511号

版权声明

Copyright ©Packt Publishing 2020. First published in the English language under the title *Practical Microservices with Dapr and .NET*(9781800568372).

All Rights Reserved.

本书由英国 Packt Publishing 公司授权人民邮电出版社有限公司出版。未经出版者书面许可，对本书的任何部分不得以任何方式或任何手段复制和传播。

版权所有，侵权必究。

◆ 著　　[意] 达维德·贝丁（Davide Bedin）
译　　成海霞 等
审　校　敖小剑
责任编辑　秦　健
责任印制　王　郁　焦志炜

◆ 人民邮电出版社出版发行　　北京市丰台区成寿寺路 11 号
邮编　100164　　电子邮件　315@ptpress.com.cn
网址　https://www.ptpress.com.cn
固安县铭成印刷有限公司印刷

◆ 开本：800×1000　1/16
印张：16.25　　2023 年 5 月第 1 版
字数：302 千字　　2023 年 5 月河北第 1 次印刷
著作权合同登记号　图字：01-2022-3084 号

定价：79.80 元

读者服务热线：(010)81055410　印装质量热线：(010)81055316
反盗版热线：(010)81055315
广告经营许可证：京东市监广登字 20170147 号

内容提要

本书通过开发微服务示例程序来讲解 Dapr 的各项功能，并介绍其众多构建块的功能及使用方法。本书首先介绍了 Dapr 的基础知识以及相关环境的配置工作，以帮助读者快速进入 Dapr 的世界。其次，介绍了 Dapr 的核心概念、发布/订阅机制、资源绑定构建块与虚拟 actor 模型等相关知识，让读者进一步了解 Dapr 的相关功能。最后，介绍了 Dapr 的实际运用，包括 Dapr 应用的部署与可观测性，以及在 Kubernetes 环境中对服务和 actor 等进行伸缩操作。本书可以帮助读者快速熟悉微服务架构，并运用 Dapr 来管理应用的复杂性和克服异构系统等问题。

本书适合希望探索微服务架构并在 Dapr 应用中通过 Microsoft .NET Core 来实现这些架构的开发人员阅读。

推荐序 1

随着企业数字化潮流不断推进，企业在数字化技术上的投入也在不断扩大。业务应用的部署、开发团队的建设、技术体系的持续迭代都反映了这一趋势。云技术作为基础的计算设施也正在被企业 IT 团队、应用开发团队作为现代化应用开发、运行和创新的底座，以更好地支撑企业数字化发展。

IT 团队承担着重要的职责：一方面需要确保应用得到快速开发和发布，以便跟上业务团队的节奏，这时追求的是效率；另一方面需要控制基础设施符合安全、可靠、可扩展、高灵活性、可管理等方面的要求，这时追求的是可控。IT 团队面前摆放着云原生、微服务、容器化等一系列的专题，他们试图找到一条既兼顾效率、可控，又具有前瞻性的技术架构路线图，以便最大化平台的价值。

最近，我们经常听到 IT 基础设施管理部门和应用开发部门的同事们探讨 Dapr。似乎 Dapr 是继 Service Mesh 热潮之后的一个新研讨话题。例如，Dapr 是什么，Dapr 和 Kubernetes 有什么关系，Dapr 和 Service Mesh、Istio 有什么关系，它能解决我的什么问题，我会被它技术绑定吗……

令人兴奋的是，很多企业已经开始实践，希望看看 Dapr 到底有没有用。下面是一些团队成员的反馈。

一位来自企业内部 CRM 应用的架构师说：

“由于我们开发的微服务应用是由多编程语言（如 Java、C#、Python）框架实现的，因此我们希望快速实现服务之间的调用，无论是在本地、Kubernetes 集群中，抑或是跨集群的情况。新应用需要调用哪些应用集成是根据需求来确定的，是不可预知的。我们希望，开发人员可以根据情况选择编程语言，也不需要受到部署细节的约束，只要具有根 App ID，就可以快速获取服务调用。Dapr 的 Service Invocation 的特性就是我们想要的。”

一位 ISV 平台架构师说：

“我们的软件产品需要在客户企业的私有 Cloud Tenant 中部署。客户企业的监控工具各不相同，尤其是 distributed tracing 方面的工具更是五花八门。我们希望快速部署应用，快速和企业制定的 tracing 工具集成。当他们需要改动的时候，我们也能快速配置适应。这样可以提升我们的部署速度，减少部署时间。Dapr 的 Observability 功能就符合我们的理念。”

一位企业 DevOps 平台负责人说：

“我们负责应用脚手架平台的搭建。我们的任务是让应用开发速度更快。我们公司的开发人员在思考开发第一个微服务前，可以知道其他服务该怎么调用，存储怎么访问，路由怎么配置，配置怎么访问，密钥怎么读取……查看关于 Dapr 的一套规范就可以了。开发人员即使不熟悉具体的技术实现也没关系，只要了解 Dapr 框架就可以。”

在他们的反馈中，我们可以发现一个共同元素，那就是“让开发速度更快”，无论是 inner loop 还是 outer loop。企业的各个部门都期待更快的响应速度和更短的回馈时间，这正是我们的同事们开始积极参与 Dapr 实践的原因。

新技术需要更多的听众，听众也需要听到更多关于新技术的声音。我们的工程团队中主导翻译的同事们在应用开发现代化领域拥有多年的积累，他们是非常专业且资深的。所以，非常感谢我们的这些同事在大家不断追求卓越的云原生开发的路途中带来更多的新理念、新模式、新社区。希望这本书能为读者带来更多有价值的参考！

刘轶煜

微软首席研发经理

推荐序 2

云计算平台带来了 IT 基础设施的巨大变革，而每一次变革都会促使开发人员思考如何充分发挥新平台优势的软件设计和开发方法。“云原生”就是一种可以让我们充分利用云计算的优点来构建和运行分布式应用的方法。云原生领域有几个很关键的节点，例如，Docker 解决了应用打包和发布标准化的问题；Kubernetes 为应用编排、资源调度带来了创新的解决方案。而在百花齐放的应用层，技术专家们也在尝试定义标准。

Dapr 是第一个运行时多样化实践项目，它主张支持“任何编程语言、任何框架、云和边缘、任意平台”。Dapr 将构建分布式应用所要处理的常见问题抽象并定义为标准的 API 集，与来自不同云厂商的云计算基础设施适配。从此用户可以面向标准 API 编程，达到应用与基础设施解耦的效果。

本书以电子商务网站为例，展示了 Dapr 的服务调用、状态管理、消息通信、可观测性等模块，同时探讨了应用部署和扩容等实践层面的常见问题。Dapr 的公开文档和其他学习资源非常丰富，而本书贵在系统化，它将微服务的核心理念和 Dapr 的特性融汇于实际案例，以代码的形成呈现给大家。

分布式应用的复杂性不言而喻，层出不穷的技术革新令人兴奋。Dapr 用一种新颖的方式从应用层解决云原生转型带来的挑战。我非常推荐相关的开发人员、架构师、IT 从业人员去了解其中的思想。应用层的标准化到底能带来什么样的变革，我们拭目以待。

李榕
微软首席研发经理

推荐序 3

企业的数字化转型进行得如火如荼，随之而来的是应用的现代化。现代化应用通常是通过微服务架构来构建的。纵观历史，软件架构经历了从早期的单体架构到分层架构，再到 SOA、微服务等一系列演变。微服务技术也经历了 Spring Cloud、服务网格（Service Mesh）、多运行时架构（Multi-Runtime），逐步确立了以应用为中心的云原生应用架构。

时至今日，微服务架构早已经历从概念到大规模应用的阶段。虽然微服务在提高团队和产品管理的复杂性方面具有很多好处，但是它给初学的开发人员和团队带来了很大的负担。作为云原生新时代的软件开发人员，不管你是从一开始就使用微服务，还是从分布式架构向微服务架构转型，都非常有必要深入学习微服务落地实践的方方面面。因此，我们急需一本理论与实践相结合，能够结合实际案例进行讲解的图书。本书的引进出版可以说填补了这一空缺。

之前我看过这本书的英文版。但是，当我拿到这本译作的样章时，在阅读的过程中有一种惊喜的感觉，因为这是目前为数不多的面向初学者的微服务架构实战类图书。当我读了本书的部分章节后，不仅能感受到几位译者为让这本书更加契合国人阅读在翻译过程中做出的细致调整，而且发现这还是一本学习曲线非常平滑，但又不失技术先进性和工程实战性的微服务实战入门书。

这本书使用了一个贯穿全书的虚构的电子商务网站场景来构建样例解决方案，将 Dapr 的核心知识点与 Kubernetes 结合，做到了技术路径上的一脉相承。这本书既有理论体系上的庖丁解牛般、细致入微的分析和讲解，又有面向初学者的实战技术指导和具体实践说明，可以帮助读者对落地云原生应用的方案与实践有更全面、更体系化的认识。尽管这本书着重介绍了.NET 编程，但是 Dapr 也为其他编程语言的开发者（如 Python、Java）提供了同样的好处。可以说，这本书是软件开发人员系统性认识和实践微服务架构的应读佳作。

张善友

深圳市友浩达科技有限公司 CEO，微软最有价值专家（MVP）

译者序

自计算机诞生起，软件开发模式一直处于变化中。从最初的穿孔卡片到汇编、操作系统、现代编程语言和框架，新的模式和理念不断涌现，而时下前沿主题之一当属“云原生”。新模式促使底层逻辑进一步被抽象化。开发人员只需要关心更核心的业务逻辑，而不用操心其他可以应用最佳实践的通用部分。Dapr 应运而生。

时下企业上云已经司空见惯，容器和微服务也在不断发展，而面向云编程仍然是极具挑战的一件事。如何保证可伸缩性、弹性、可维护性？如何监控原生应用的运行状态？如何实现服务与服务的发现和调用？如何保证在不同云厂商之间进行平滑迁移？诸如此类的特性对于云原生应用非常重要，但并非应用的核心业务逻辑。如果开发者花费大量精力用于开发和维护这些特性，一是效率不高，二是浪费资源，并且很有可能无法做到足够好，而 Dapr 恰恰是应对这个挑战的一个优秀方案。

这本书的实践性非常强，样例几乎贯穿整本书。读者可以按照样例项目有条不紊地学习，并获得实际的上手经验。从基本的概念和架构介绍，到如何调试一个 Dapr 项目，再到 Dapr 核心构建块介绍，这本书涵盖了 Dapr 的核心内容。尤其是，这本书还描述了一些诸如部署、跟踪、压测以及可伸缩性等高级主题，甚至专门在附录中介绍了如何应用 Dapr 进行微服务编程。由此可以看出作者在内容编排上的用心和周到。

我从事软件开发工作多年，涉猎过 Web 前后端、嵌入式、云平台、大数据等多个领域，加入微软公司之后致力于开发者体验，对技术的趋势拥有自己的见解。我在微软开发者事业部的 Flexible Friday 活动（一个在工作时间可以做自己的项目的活动）中发现了关于 Dapr 的项目，眼前为之一亮，自此毫不犹豫地加入这本书的翻译项目。在翻译这本书的过程中，我们在追求保持英文语义准确的基础上，针对中国人的阅读习惯对内容进行了调整。由于个人水平有限，书中难免存在错漏和不当，烦请大家见谅和指正，在此表示感谢。

何儒

微软开发者事业部软件工程师

中文版序言

我和这本书翻译工作的渊源要从微软开发者事业部（DevDiv China）的 Flexible Friday 活动说起。2020 年 10 月我从苏州微软 SharePoint 加入到微软开发者事务部以后，在赵晓燕（DevDiv China GM）、焦祯、李榕和其他领导及同事的大力支持下，于 2021 年 11 月开始 Flexible Friday 活动的试运行。

Flexible Friday 活动聚焦于为同事们提供一个学习、创新和展示自身能力的平台。在试运行的 6 个月中，同事们可以利用每个月中一个周五的时间自由安排自己的工作，与小伙伴们一起充分协同、紧密配合完成所设计的项目。

虽然在准备阶段我心里没有底，但是当看到同事们注册的项目的时候，彻底被项目的多样性和广度震惊到。其中，成海霞及其项目团队对于这本书的翻译就是最耀眼的项目之一。在技术上，Dapr 是助力企业上云的解决方案，能够让分布式系统的构建更加简单，并且可以支持多种平台和设备。相信这本书的翻译出版一定可以给广大的用户带来帮助。除此之外，这本书的翻译团队花了大量的时间来处理琐碎的事情，从最开始的分工安排，到联系出版社，再到邀请业界领域大拿来做导师，以及全书语言风格统一、遣词造句，等等。翻译一本书的工作比较烦琐，同事们克服了很多翻译过程中的艰辛，付出了不懈的努力、热情和坚持，少了哪一点，读者不可能看到这本书中文版的面世。在这个过程中，相信大家也学到了很多，例如团结、协作以及对前沿技术不断钻研和创新的精神，这也正是 Flexible Friday 活动的初衷。

非常感激这些优秀的同事，和他们一起工作是一件很享受的事情，也希望大家能够和我一样喜欢这本凝聚了热情和汗水的书。

张怡

微软开发者事业部首席开发经理

英文版序言

企业上云的浪潮一波接着一波，伴随这一趋势，我们看到企业开始向云原生架构转型。而这些基于云原生系列技术开发的应用往往是通过微服务架构构建的——这些应用可以是有状态和无状态的微服务。它们运行在云和边缘中，由多种编程语言和不同的框架开发而成。在向云原生架构转型的过程中，企业无疑获得了巨大的规模效应和更加高效的产品，但也面临着巨大的挑战——分布式系统专家的担子落在企业开发者身上，这就要求开发者能够在学会多种编程语言、开发框架和技术的同时提高工作效率。通常还要求他们开发的应用可以跨云和边缘或者跨不同的公共云供应商进行移植。企业正在寻找能够让开发者专注于业务逻辑，同时也能够为应用注入云原生架构具备的伸缩性、可恢复性、可维护性、弹性的开发模式和平台。

当我们观察到向云原生转型的趋势并希望解决随之而来的问题时，Dapr 诞生了。Dapr 最初的名字叫 Actions，它源自 Azure CTO 办公室的一个孵化项目，后来在技术专家 Haishi Bai 和 Yaron Schneider 的创造性探索中应运而生。我们开发 Dapr 的理念是为构建分布式系统的企业开发者提供一个能处理分布式系统所有工作的“管家”，这样他们就可以专注于应用和业务逻辑。Dapr 图标中的大礼帽正是受“管家”理念启发而设计的。为此，我们定了个目标：我们希望构建一个以企业开发者为中心的微服务开发平台，使其能够支持“任何编程语言、任何框架、云和边缘、任意平台”，从而使得分布式应用的构建变得更加容易，真正拥抱编程语言和软件框架的多样性，并且可以跨任何基础设施移植——从公共云到边缘，甚至是到单节点物联网设备。

为了更广泛地支持不同类型的应用，Actions 需要具有如下特性：可以跨任何基础设施运行，包括未来新的基础设施平台以及用于与外部事件源和服务集成的可扩展系统；支持任何编程语言；具有微服务架构内置的发布/订阅机制和服务调用语义；支持无状态和有状态的微服务。由于 Actions 支持多种编程语言和框架，因此我们可以看到“管家”

的惊人价值——它具有开箱即用的基础设施功能，提供与编程语言和平台无关的接口，使得不同的应用能够通过 Dapr 标准的接口与底层云原生基础设施集成。“管家”让开发者获得了如下能力：他们能够轻松地用最合适的技术来构建微服务应用（如函数、容器、Web Service 等），并使用相同的语义与通用的 Dapr 编程底层进行协调。2019 年 10 月我们将 Actions 项目命名为 Dapr，并发布了 0.1 版本。

从发布 Dapr 预览版以来，我们得到开发者社区的积极响应，并收到来自微软公司外部的 500 多个贡献。我们在 2021 年初发布了 Dapr v1.0，这个版本侧重于为生产做准备，并将项目转向开放治理，以便企业有信心在关键业务中应用 Dapr。我们希望你能够专注于核心业务价值的创造以获得更大的影响力，剩下的事情就交给 Dapr 来解决。同时，我们非常欢迎你加入 Dapr 社区。

Mark Russinovich

Azure 首席技术官，微软公司技术院士

前言

本书通过讲解使用 Dapr 开发微服务示例程序来帮助读者探索 Dapr 的强大能力。本书的每一章都使用了 Dapr 的众多构建块。

在过去的 10 年里，代码量庞大的单体应用开始大量迁移到小型、可独立部署的微服务。Dapr 是微软公司的一个新的开源项目，它为开发现代应用提供了成熟的技术和经验。它提供了一系列平台无关功能，使你的应用能够在公有云平台、本地设备甚至是边缘设备上运行。

本书旨在帮助读者快速熟悉微服务架构，并运用 Dapr 来管理复杂的应用，同时克服异构系统的问题。在本书中，你还会看到 Dapr 的易用性和开放性，并学会将 Dapr 与多种编程语言和多个平台相结合。本书将会通过讲解 Dapr 运行时、服务、构建块和 SDK 等内容来探索 Dapr 如何简化具备弹性和可移植性的微服务的创建过程。

Dapr 提供了事件驱动的运行时功能以支持构建微服务，如服务调用、状态管理、消息发布和订阅机制等。通过这本实用的学习指南，你不仅可以学习这些功能，而且可以探索 Dapr 更高级的功能。

本书将指导你基于 Dapr 创建微服务应用，并将其部署到 Kubernetes 中。在 Kubernetes 环境中，你将会学习如何使用 Zipkin、Prometheus 和 Grafana 来监控 Dapr 应用。最后，你还会学习如何给运行在 Kubernetes 中的 Dapr 应用做负载测试。

学完本书，你将能使用自己擅长的编程语言和框架来开发微服务，并运用行业优秀实践经验来解决与分布式系统相关的问题。

本书读者对象

本书适合正在探索微服务架构并希望使用 Microsoft .NET 上的示例程序在 Dapr 中构

建微服务的开发者阅读。无论你是初次接触微服务还是已经掌握微服务架构，这本书都可以帮助你获得 Dapr 的实战经验。熟悉.NET 有助于你快速理解本书的 C#示例程序和代码。

本书的内容安排

第 1 章介绍了 Dapr 的基础知识。该章简要介绍了 Dapr 的功能——这些功能使得 Dapr 受到新的云原生应用以及正在重构为微服务架构的应用的欢迎。

第 2 章介绍了如何在 VS Code 中配置 Dapr 的开发环境，并在本地开发环境中调试 Dapr 应用。

第 3 章解释了在 Dapr 运行环境中服务是如何被发现和相互调用的。通过学习示例程序，你将学会构建微服务，并在 Dapr 能识别的组件或 Dapr 不能感知的外部客户端中调用这些服务。

第 4 章涵盖了 Dapr 的核心概念——服务的状态管理和 actor 的状态管理。该章阐述了 Dapr 解决方案是如何通过不同的存储方式来管理状态的。

第 5 章介绍了发布/订阅机制——消息驱动模式，Dapr 通过它来解耦组件之间的交互。你将会了解消息驱动模式的好处以及如何在 Dapr 应用中实现这种机制。

第 6 章介绍了 Dapr 的资源绑定构建块。通过该构建块，你可以设计事件驱动的微服务，以便使用可插拔的配置方式来调用外部资源。

第 7 章介绍了 Dapr 强大的虚拟 actor 模型。该章阐述了如何在微服务式架构中运用虚拟 actor 模型，以及不同运用方法的优缺点。

第 8 章介绍了将 Dapr 应用部署到本地自托管环境和 Kubernetes 中的运维区别。该章着重介绍如何将由多个微服务构成的 Dapr 示例程序部署到 Azure Kubernetes Service。

第 9 章介绍了 Dapr 应用的可观测性，并探索了在 Dapr 运行环境中 traces、logs 和 metrics 是如何产生的及如何通过 Zipkin、Prometheus 和 Grafana 等工具收集它们。

第 10 章介绍了可伸缩的 Dapr 服务和 actor 是如何在 Kubernetes 环境中工作的。通过自动伸缩系统你可以根据指标来扩容和缩容。你也将学会如何使用 Locust 测试工具模拟用户行为以便给 Dapr 解决方案实施负载测试。

附录 A 从微服务架构的相关特性出发，探讨 Dapr 如何简化微服务的构建过程。

更好地使用本书

本书的示例程序基于 Windows 10 操作系统开发，采用跨平台的技术栈，包括 VS Code、.NET 5、Dapr、Kubernetes 和 Locust。

本书用到的软件和硬件
Docker Engine 新版本
.NET 5
Dapr 1.1 及新版本
VS Code 新版本
Python 3.8
Azure CLI-2.5.1 及新版本
Locust 1.3.1 及新版本

在 Windows 10 操作系统中，推荐安装 WLS2 并在 Docker 中启用 WLS2 引擎。配置环境的详细向导请参考第 1 章的内容。

Dapr 运行时从 2021 年 2 月发布的 1.0 版本起达到产品可用级别，公告详情请访问 Dapr 网站。本书的示例程序和代码在 Dapr v1.5 中测试通过。

体例说明

以下是贯穿本书的体例。

代码段示例：

```
"compounds":
    [
      {
        "name": "webApi + webApi2 w/Dapr",
```

```
        "configurations": [".NET Core Launch w/Dapr (webapi)",
        ".NET Core Launch w/Dapr (webapi2)"]
      }
    ]
```

加粗代码段的关键部分以吸引你的注意力，如加粗相关的单词或整行代码：

```
{
              "appId": "hello-world",
              "appPort": 5000,
              "httpPort": 5010,
              "grpcPort": 50010,
              "label": "daprd-debug",
              "type": "daprd",
              "dependsOn": "build"
}
```

命令行的输入和输出如下：

```
$ mkdir css
$ cd css
```

正文中的粗体字：表示新的术语、非常重要的词汇或句子。示例“在**管理面板**中选择**系统信息**”。

> **重要提示：**
>
> 或者以这种形式出现。

作者简介

Davide Bedin 是云原生架构的爱好者，他在云计算领域拥有丰富的经验。

作为独立软件开发商的首席技术官，Davide 引领企业进行数字化转型，探索出基于 Microsoft Azure 云服务的新解决方案。

Davide 尤其关注分布式计算向面向服务的架构及最终的微服务架构的发展和演进过程。他大部分的开发生涯都投入到与网络服务相关的研发工作中。

作为微软公司的云解决方案架构师，Davide 主要为企业客户上云提供指导和支持，助力企业数字化转型。

“我非常感谢 Jessica Tibaldi①和 Paola Annis②在编写本书时提供的宝贵意见。此外，我的职业生涯中有幸得到过许多老师无私的帮助，在此无法一一列举，不胜感激。”

---

① Jessica Tibaldi，2014 年加入微软公司，从事 Microsoft Azure、GitHub、Dapr 等多个产品的研发。2021 年加入谷歌云，成为谷歌公司的 Partner Engineer，从事 Kubernetes 等云原生技术的研发。——译者注

② Paola Annis，微软公司高级研发经理，专注于云计算、Azure、DevOps 和云原生系列技术。——译者注

技术审校者简介

Senthil Kumar 是 Microsoft Visual Studio 系列技术的微软最有价值专家[①]，*Windows 10 Development Recipes Using JavaScript and CSS* 的合著者。Senthil 在 IT 领域耕耘 10 多年，深入接触过多种编程语言，包括 C#、JavaScript、PHP 等。

① Microsoft MVP（Microsoft Most Valuable Professional，微软最有价值专家）是微软公司的一个年度奖项。MVP 是具备一种或多种微软公司技术专业知识，并且积极参与线上或线下的社群活动的专家，他们经常与其他专业人士分享知识和专业技能，受人尊敬、信任，而且平易近人。——译者注

译者简介

成海霞

微软公司开发者事业部软件工程师，专注于 Java EE/Jakarta EE 云原生解决方案的设计和研发。云原生系列技术爱好者，Dapr 中文社区源码解析小组核心成员。

何儒

微软公司开发者事业部软件工程师、高级系统架构设计师。2011 年东南大学本科毕业，上海交通大学安泰 MBA 在读。长期从事软件研发工作，涉猎领域包括云计算与大数据、机器学习、Web 前后端开发、高性能编程、开发者体验等。

常峥

微软公司开发者事业部软件工程师，专注于 Java EE/Jakarta EE 云原生解决方案的设计和研发。云原生系列技术爱好者，曾就职于亚马逊、菜鸟网络等公司，有多年后端研发经验。

刘吉安

微软公司云计算与人工智能事业部软件工程师，Kubernetes 社区成员，长期活跃于容器编排领域，参与 Dapr Extension for Azure Kubernetes Service 的开发与维护。

程辙

微软公司开发者事业部软件工程师，云原生系列技术爱好者，专注于 Terraform、Kubernetes、Serverless 等领域，参与 Dapr 与 Azure Container Apps Service 集成的开发工作。

朱佳豪

微软公司开发者事业部软件工程师，云原生系列技术爱好者，长期活跃于容器编排领域，有多年后端研发经验。

资源与支持

本书由异步社区出品，社区（https://www.epubit.com）为您提供相关资源和后续服务。

配套资源

本书提供如下资源：

- 示例代码；
- 书中彩色图片。

要获得以上配套资源，请在异步社区本书页面中单击配套资源，跳转到下载界面，按提示进行操作即可。注意：为保证购书读者的权益，该操作会给出相关提示，要求输入提取码进行验证。

如果您是教师，希望获得教学配套资源，请在社区本书页面中直接联系本书的责任编辑。

提交勘误

作者、译者和编辑尽最大努力来确保书中内容的准确性，但难免会存在疏漏。欢迎您将发现的问题反馈给我们，帮助我们提升图书的质量。

当您发现错误时，请登录异步社区，按书名搜索，进入本书页面，单击“发表勘误”，输入错误信息，单击“提交勘误”按钮即可，如右图所示。本书的作者和编辑会对您提交的错误信息进行审核，确认并接受后，您将获赠异步社区的 100 积分。积分可用于在异步社区兑换优惠券、样书或奖品。

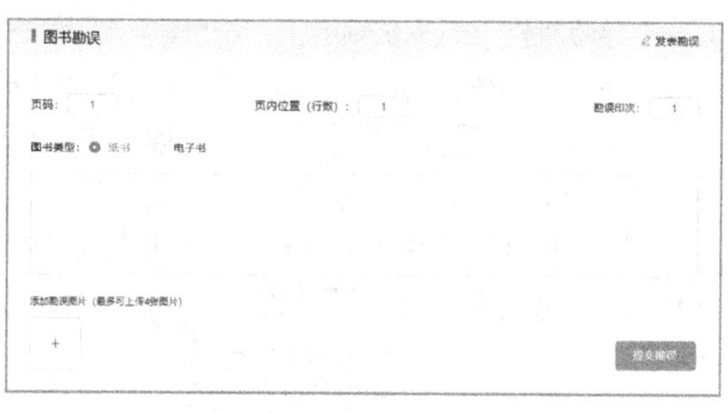

扫码关注本书

扫描下方二维码，您将会在异步社区微信服务号中看到本书信息及相关的服务提示。

与我们联系

我们的联系邮箱是 contact@epubit.com.cn。

如果您对本书有任何疑问或建议，请您发邮件给我们，并请在邮件标题中注明本书书名，以便我们更高效地做出反馈。

如果您有兴趣出版图书、录制教学视频，或者参与图书翻译、技术审校等工作，可以发邮件给我们；有意出版图书的作者也可以到异步社区投稿（直接访问 www.epubit.com/contribute 即可）。

如果您所在的学校、培训机构或企业想批量购买本书或异步社区出版的其他图书，也可以发邮件给我们。

如果您在网上发现有针对异步社区出品图书的各种形式的盗版行为，包括对图书全部或部分内容的非授权传播，请您将怀疑有侵权行为的链接通过邮件发送给我们。您的这一举动是对作者权益的保护，也是我们持续为您提供有价值的内容的动力之源。

关于异步社区和异步图书

“异步社区”是人民邮电出版社旗下 IT 专业图书社区，致力于出版精品 IT 图书和相关学习产品，为作译者提供优质出版服务。异步社区创办于 2015 年 8 月，提供大量精品 IT 图书和电子书，以及高品质技术文章和视频课程。更多详情请访问异步社区官网 https://www.epubit.com。

“异步图书”是由异步社区编辑团队策划出版的精品 IT 图书的品牌，依托于人民邮电出版社几十年的计算机图书出版积累和专业编辑团队，相关图书在封面上印有异步图书的 LOGO。异步图书的出版领域包括软件开发、大数据、人工智能、测试、前端、网络技术等。

异步社区

微信服务号

目录

第一部分 Dapr 基础

第 1 章 Dapr 简介 ……3

1.1 技术要求 ……3
1.2 Dapr 概述 ……4
1.3 Dapr 架构 ……7
1.4 设置 Dapr 启动环境 ……9
1.4.1 Docker ……9
1.4.2 Dapr CLI ……10
1.4.3 .NET ……10
1.4.4 VS Code ……11
1.4.5 Windows 终端 ……11
1.4.6 在自托管模式下安装 Dapr ……11
1.4.7 在 Kubernetes 上安装 Dapr ……12
1.4.8 升级 Dapr 版本 ……13
1.5 开发第一个 Dapr 示例程序 ……14
1.6 小结 ……19

第 2 章 调试 Dapr 解决方案 ……21

2.1 技术要求 ……21
2.2 在 VS Code 中配置和调试 Dapr ……22
2.2.1 连接调试器 ……22

2.2.2 检验调试配置······24
2.3 调试一个多项目的 Dapr 解决方案······29
2.3.1 创建.NET 解决方案······29
2.3.2 启动配置······30
2.3.3 任务······32
2.3.4 启动独立的调试会话······33
2.3.5 启动组合的调试会话······34
2.4 结合 Tye 使用 Dapr······35
2.4.1 安装 Tye······36
2.4.2 使用 Tye······36
2.5 小结······40

第二部分　使用 Dapr 构建微服务

第 3 章　服务间调用······43
3.1 技术要求······43
3.2 服务如何在 Dapr 中工作······44
3.2.1 示例程序架构······45
3.2.2 服务间调用······45
3.2.3 名称解析······47
3.3 使用.NET SDK 进行服务调用······47
3.3.1 为 order service 创建一个项目······48
3.3.2 在 ASP.NET 中配置 Dapr······48
3.3.3 通过 ASP.NET 控制器实现 Dapr······49
3.3.4 为 reservation service 创建一个项目······50
3.3.5 准备调试配置······51
3.3.6 通过 ASP.NET 路由实现 Dapr······51
3.3.7 回顾······56
3.4 Dapr 服务的 HTTP 和 gRPC 调用······56

3.4.1 在 ASP.NET 中使用 gRPC······56
3.4.2 微服务的自治······57
3.4.3 通过 gRPC 降低延迟······65
3.5 小结······66

第 4 章 状态管理······67

4.1 技术要求······67
4.2 Dapr 状态管理······68
4.2.1 服务的状态——无状态和有状态······68
4.2.2 Dapr 中的状态存储······69
4.2.3 事务······70
4.2.4 并发性······70
4.2.5 一致性······71
4.2.6 与状态存储的交互······71
4.3 电子商务网站的有状态服务······73
4.3.1 有状态的 reservation-service······74
4.3.2 在 ASP.NET 控制器中处理 Dapr 状态······75
4.4 基于 Azure Cosmos DB 的状态存储······78
4.4.1 创建 Azure Cosmos DB······79
4.4.2 配置状态存储······80
4.4.3 测试状态存储······82
4.4.4 Azure Cosmos DB 分片······84
4.4.5 补充······86
4.5 小结······87

第 5 章 发布/订阅······89

5.1 技术要求······89
5.2 在 Dapr 中使用 pub/sub 设计模式······90
5.3 在 Dapr 中使用 Azure Service Bus······92
5.3.1 订阅主题······94
5.3.2 配置发布/订阅组件······96

5.3.3 发布到主题……98

5.3.4 检查消息……99

5.4 实现 saga 设计模式……101

5.4.1 向 Dapr 发布消息……103

5.4.2 订阅 Dapr 主题……104

5.4.3 测试 saga 设计模式……105

5.5 小结……107

第 6 章 资源绑定……109

6.1 技术要求……109

6.2 学习如何使用 Dapr 绑定……110

6.2.1 配置 cron 输入绑定……111

6.2.2 测试 cron 绑定……112

6.3 在 Dapr 中使用 Twilio 输出绑定……113

6.3.1 注册 Twilio 试用账户……114

6.3.2 配置 Twilio 输出绑定……115

6.3.3 通过输出绑定发送信号……115

6.3.4 验证通知……117

6.4 在 C#中通过 Azure Event Hubs 输入绑定摄取数据……119

6.4.1 创建 Azure Event Hubs 绑定……120

6.4.2 配置输入绑定……121

6.4.3 实现 Azure Event Hubs 输入绑定……122

6.4.4 产生事件……124

6.5 小结……125

第 7 章 actor 的用法……127

7.1 技术要求……127

7.2 在 Dapr 中使用 actor……128

7.2.1 actor 模型简介……128

7.2.2 配置 Dapr actor 状态存储……132

7.2.3 验证状态存储……133

7.3 actor 的生命周期、并发性和一致性 ······134

7.3.1 placement 服务 ······134

7.3.2 并发性和一致性 ······135

7.3.3 actor 的生命周期 ······137

7.4 在电子商务网站预订系统中使用 actor ······138

7.4.1 创建 actor 项目 ······139

7.4.2 实现 actor 模型 ······140

7.4.3 在其他 Dapr 应用中访问 actor ······143

7.4.4 查看 actor 的状态 ······146

7.5 小结 ······147

第三部分 部署和伸缩

第 8 章 在 Kubernetes 中部署 Dapr 应用 ······151

8.1 技术要求 ······151

8.2 创建 Kubernetes ······152

8.2.1 创建 Azure 资源组 ······153

8.2.2 创建 AKS 集群 ······153

8.2.3 连接 AKS 集群 ······154

8.3 在 Kubernetes 中安装 Dapr ······155

8.4 部署 Dapr 应用 ······158

8.4.1 构建容器镜像 ······159

8.4.2 推送容器镜像 ······162

8.4.3 在 Kubernetes 中管理密码 ······164

8.4.4 Dapr 应用部署 ······166

8.5 将 Dapr 应用暴露给外部客户端 ······170

8.6 小结 ······177

第 9 章 追踪 Dapr 应用 ······179

9.1 技术要求 ······179

9.2 观测 Dapr 中的应用 ······ 180
9.3 使用 Zipkin 进行追踪 ······ 182
9.3.1 设置 Zipkin ······ 182
9.3.2 配置 Zipkin 进行追踪 ······ 184
9.3.3 在 Dapr 中启用追踪 ······ 185
9.3.4 使用 Zipkin 追踪 ······ 187
9.4 使用 Prometheus 和 Grafana 分析指标 ······ 191
9.4.1 安装 Prometheus ······ 192
9.4.2 安装 Grafana ······ 193
9.4.3 导入 Dashboard 模板 ······ 193
9.5 小结 ······ 196
第 10 章 负载测试和伸缩 ······ 197
10.1 技术要求 ······ 197
10.1.1 Bash ······ 198
10.1.2 Python ······ 198
10.1.3 Locust ······ 199
10.1.4 Kubernetes 配置 ······ 199
10.2 在 Kubernetes 中伸缩 Dapr 应用 ······ 200
10.2.1 副本 ······ 201
10.2.2 自动伸缩 ······ 202
10.2.3 资源请求和资源限制 ······ 204
10.3 使用 Locust 进行负载测试 ······ 207
10.4 Dapr 应用的负载测试 ······ 209
10.4.1 通过端口转发准备数据 ······ 209
10.4.2 在本地测试 Locust ······ 210
10.4.3 在 ACI 中运行 Locust ······ 213
10.4.4 配置 HPA ······ 215
10.5 使用 KEDA 进行自动伸缩 ······ 217
10.6 小结 ······ 217

附录 A　使用 Dapr 的微服务架构

附录 A　使用 Dapr 的微服务架构······219
A.1　发现微服务······219
A.1.1　服务······220
A.1.2　自治······221
A.1.3　自动化部署······221
A.1.4　有界上下文······222
A.1.5　松耦合······222
A.1.6　事件驱动架构······223
A.1.7　可观察性······223
A.1.8　可持续性······223
A.2　采用微服务模式······224
A.3　构建一个电子商务网站架构······226
A.3.1　定义有界上下文······226
A.3.2　示例：销售微服务······227
A.4　使用 Dapr 构建微服务······228
A.4.1　松耦合的微服务······228
A.4.2　自治的微服务······229
A.4.3　可观察的微服务······229
A.4.4　可扩展的微服务······229
A.4.5　事件驱动的微服务······229
A.4.6　无状态的微服务······230
A.5　小结······230

第一部分 Dapr 基础

本部分概述 Dapr 是什么及其主要的特性和组件。

本部分的内容如下：

- Dapr 简介；
- 调试 Dapr 解决方案。

第 1 章
Dapr 简介

本章将会介绍**分布式应用运行时**（Distributed Application Runtime，Dapr）项目，帮助你了解 Dapr 的架构的核心概念，以及如何使用 Dapr 进行开发。

Dapr 加速了新的云原生应用的开发，并且简化了采用微服务架构的步骤。本章涵盖的主题如下：

- Dapr 概述；
- Dapr 架构；
- 设置 Dapr 启动环境；
- 开发第一个 Dapr 示例程序。

通过学习上述要点有助于我们理解 Dapr 的架构及其在微服务架构方面的设计。我们首先探索 Dapr，理解它是如何工作的。

1.1 技术要求

示例程序的代码可以按照本书的“资源与支持”的说明去下载。本节的示例程序的代码在压缩包的 chapter01 文件夹中。

在本章中，脚本和代码文件统一存放在目录<repository path>\chapter01\中。我的本地目录是 C:\Repos\dapr-samples\chapter01。

请参考 1.4 节配置开发 Dapr 并运行示例程序需要的工具。

1.2　Dapr 概述

Dapr 是由微软公司发起的一个**事件驱动的**、**可移植的**开源运行时项目，在编写本书时，该项目仍处于活跃开发中。

事件驱动在微服务架构中扮演了非常重要的角色，它也是 Dapr 的定义中强调的机制。通过事件驱动，我们不仅可以将应用设计成能有效响应来自外部系统的事件和解决方案其他服务的事件，还可以让应用本身产生事件，向其他服务通知新的变化，事件驱动是异步的，其他服务不必马上响应事件，可以在后续阶段处理。

Dapr 是可移植的，它可以以自托管模式运行在本地开发环境中，也可以部署到边缘设备或 Kubernetes 中。

图 1.1 展示了 Dapr 架构的不同构建块。

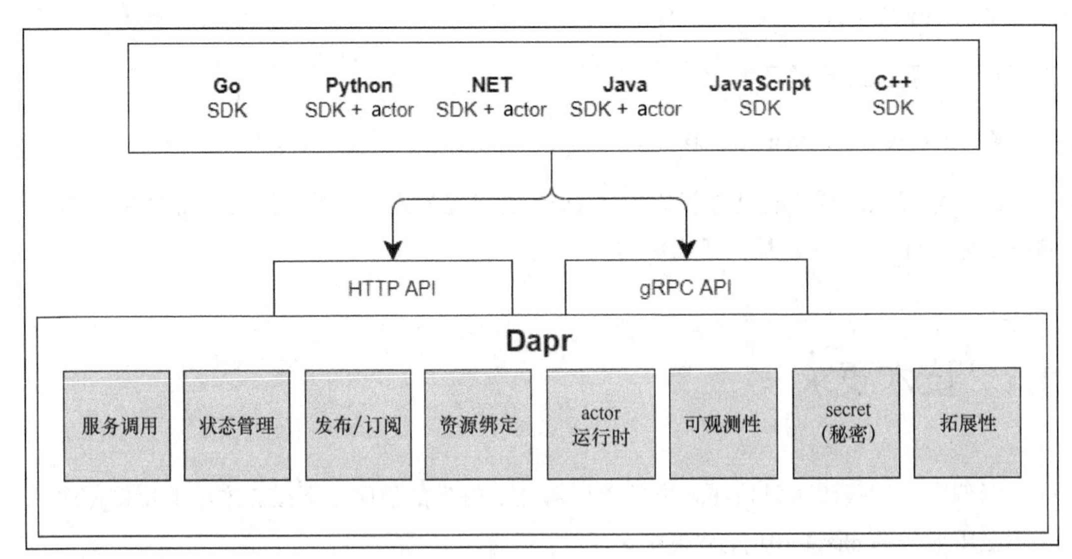

图 1.1　Dapr 架构的不同构建块

基于可移植性，Dapr 应用也可以延伸到托管环境之外。虽然 Dapr 是微软公司发起的项目，但是，它除可以运行在自有 Kubernetes 环境中以外，还可以运行在 Microsoft Azure、Amazon AWS、GCP（Google Cloud Platform，谷歌云）或任何其他云供应商的 Kubernetes 环境中。

Dapr 的构建得益于微软公司在开发超大规模云原生应用方面的丰富经验，它受到 Orleans 和 Service Fabric 设计的启发，反过来又帮助许多 Microsoft Azure 云服务能够以弹性且大规模的方式运行。

基于微服务架构，Dapr 为开发者提供了一种设计构建工具和应用的运行时的方法。

微服务虽然具有大量优势，但同时也增加了团队和产品管理的复杂性。通常这给初学微服务开发的开发人员和团队带来了很大的负担。

如果使用诸如 Dapr 之类的运行时来帮助了解构建微服务过程中需要采用的常见模式，这会不会简化工作呢？

图 1.2 展示了 Dapr 的两种托管模式。

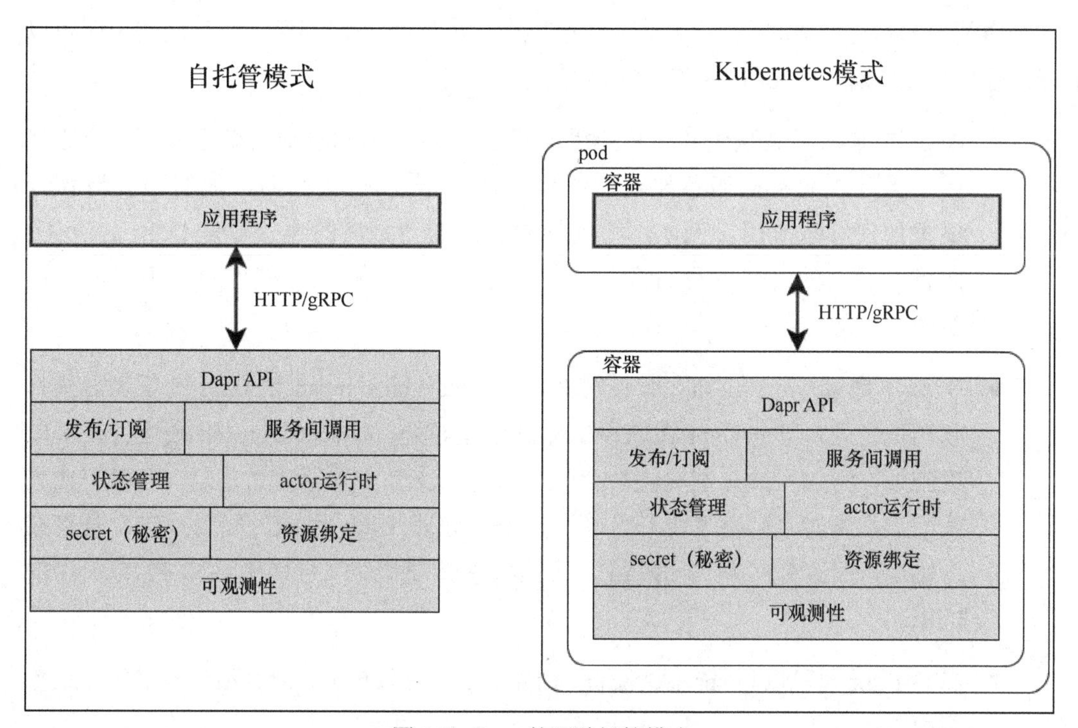

图 1.2 Dapr 的两种托管模式

在图 1.2 中，Dapr 运行时在 sidecar 进程中运行，将大部分复杂性从应用移至另一个单独的环境，这极大地简化了开发和运维的难度。这些 sidecar 进程可以在本地开发环境中运行，也可以作为容器在 Kubernetes 的 pod 中运行。

从应用的视角来看，Dapr 是一个应用程序接口（Application Programming Interface，API），可以通过 HTTP 或 gRPC 远程过程调用直接访问，或使用更简单的方式——通过任意一种**软件开发套件**（Software Development Kit，SDK）。在撰写本书时，这些 SDK 包括.NET、Java、Go、Python、C++、JavaScript 和 Rust。

在后面的内容中，我们不必在应用中集成 Dapr SDK，只需要一个简单的 HTTP 调用就可以访问 Dapr 服务，例如 http://localhost:3500/v1.0/invoke/<app-id>/method/<method name>。不过，SDK 确实提供了很多好处，尤其是在开发 Dapr 服务或使用 Dapr actor 模型时。

关于 Dapr 的理解误区

通过前面的内容你应该已经简单了解 Dapr 并且产生继续阅读本书的兴趣。当我与他人分享关于 Dapr 的知识时，经常发现对方有很多关于 Dapr 的误区。如下这些说明可以帮助你消除很多对于 Dapr 所做工作的误解。

- Dapr 的目标不是强迫开发者接受某种有严格规则和限制的编程模型。恰好相反，当开发者从微服务架构的烦琐中被 Dapr 解放出来后，他们不会被强制要求如何编写应用。例如，管理存储状态的数据库的连接池是 Dapr 的责任，而且在后面的内容中我们将会看到，这种管理对微服务应用的代码来说是透明的。

- Dapr 不是 service mesh（服务网格）。尽管 service mesh 和 Dapr 的很多目标都有相似之处，但是 Dapr 在应用层提供这些好处，而 service mesh 则运行在基础设施层。例如，Dapr 在与状态存储和服务的交互中采用重试逻辑，但当有冲突或间歇故障时，则需要由开发者决定如何处理 Dapr 可能返回的报错：是直接将错误返回给客户端，补偿操作，还是接受重试策略（也许使用.NET Core 中的 Polly）。

- 当然 Dapr 也可以与 service mesh（例如 Istio）进行集成，但这不在本书的讨论范围内。

- Dapr 不是微软公司提供的云服务。Dapr 确定能够帮助开发者构建云端的微服务应用，同时提供很多与 Azure 云服务集成的功能，但它同样支持 AWS、GCP 和其他服务的组件。这也表明 Dapr 在 Azure 中运行并不会比在其他云 Kubernetes 环境中运行的效果更好。我希望能说服你相信 Azure Kubernetes Service（AKS）是云服务领域管理得最好的 Kubernetes 服务，不过这是另一个话题了。

> **重要提示：**
>
> 尽管本书着重介绍了.NET Core 编程语言，但是 Dapr 也为其他编程语言的开发者（如 Python）提供了同样的好处，这是因为 Dapr 具有关于 Dapr 和 Dapr actor 的 SDK，支持 macOS 以及 Kubernetes——Dapr 以一种供应商中立和开源的方式欢迎所有开发者。

1.3 节将重点介绍 Dapr 架构。

1.3 Dapr 架构

Dapr 从一开始就被设计成由一套可插拔的构建块组成：开发者可以创建一个依赖很多设施的应用，而运维人员只需要简单设置就可以让应用适配托管环境。Dapr 完整的工具组件如下。

- **Dapr CLI**（Command-Line Interface，CLI）：它是一款跨平台的命令行工具，可以用来配置、管理和监控 Dapr 环境，也可以用来调试本地环境中的 Dapr 应用。

- **Dapr API**：这套 API 定义了应用与 Dapr 运行时的交互方式，以便应用使用 Dapr 的构建块。

- **Dapr runtime**：它是 Dapr 的核心，实现了 Dapr API。如果你好奇，可以在 Dapr 的代码仓库中浏览使用 Go 语言开发的源代码。

- **Dapr 主机**：在本地开发机器上，Dapr 作为单独的进程运行；在 Kubernetes 中，它运行在应用所在 pod 的 sidecar 容器中。

- **Dapr operator**：仅针对 Kubernetes 模式，此 operator 用于管理资源绑定和配置。
- **Dapr sidecar injector**：一旦完成 Kubernetes 模式下的配置后，它会把 Dapr sidecar 注入应用的 pod 中。
- **Dapr Placement 服务**：该服务的目标是在 Dapr pod 之间分发（安置）actor 实例。
- **Dapr Sentry**：它是 Dapr 内置的证书颁发机构（Certificate Authority，CA），用于颁布和管理 Dapr 用到的证书，以提供透明的双向传输层安全协议（mutual Transport Layer Security，mTLS）。

微服务应用开发者可以根据需要选择使用 Dapr 提供的众多构建块。这些构建块如下。

- **服务调用**：通过服务间的调用，代码能够调用同一托管环境的其他服务，同时处理重试策略。第 3 章将详细介绍该构建块。
- **状态管理**：通过简单的键值对（Key-Value Pair，KVP）的方式高效管理应用状态，解除有状态/无状态服务对于不同背景的支持。Dapr 提供的众多状态存储，包括 Redis、Azure Cosmos DB、Azure SQL Server 和 PostgreSQL，都可以通过配置插入。在第 4 章中你将学到关于此构建块的内容。
- **发布/订阅**（pub/sub）：发布/订阅通过交换消息的方式解耦微服务。该方式依赖服务总线。服务总线可以在生产者和消费者之间路由消息。在第 5 章中我们将讨论此构建块。
- **资源绑定**：这是 Dapr 的事件驱动特性的闪光之处。通过绑定，应用可以被 Twilio（短消息服务领域的活跃企业）的短消息服务（Short Message Service，SMS）触发。此构建块的细节在第 6 章中详细讨论。
- **actor**：actor 模型用于简化高并发场景。它通过将所有的请求负载分散给巨大数量的计算单元（actor）来实现目的。每个 actor 通过在单位时间内处理较小但独立范围的工作来完成请求，Dapr 在这个领域提供了巨大的好处。可以在第 7 章学习关于此构建块的知识。

- **可观测性**：Dapr 允许开发人员和运维人员在无需额外工作的前提下观察系统服务和应用的行为。此构建块在第 9 章中详细讨论。
- **secret**（秘密）：将机密信息保存在代码的安全距离之外是很正常的需求，也是很合理的操作，尽管有时这样做仅仅是为了防止在开发环境中意外访问生产环境。Dapr 允许储存机密信息到 Kubernetes、Azure Key Vault 等存储空间，并在 Dapr 组件中引用它们。

学习 Dapr 的架构和组件后，我们将介绍如何在开发环境中配置 Dapr。

1.4 设置 Dapr 启动环境

Dapr 支持多种平台和多种编程语言。本书将结合 **Visual Studio Code**（VS Code），使用 C#和.NET 框架进行开发。本书中的代码适合任何有编程语言背景的开发人员，不过更适合具有.NET 开发经验的开发人员阅读。

本书使用的开发环境是 Windows 10 操作系统。尽管命令行界面、配置和文件都是相同的，但如果你需要关于如何在 Linux 或 macOS 操作系统下进行操作的更详细的指导，请阅读 Dapr 网站上的文档。

> **重要提示：**
>
> 2021 年 2 月发布的 Dapr v1.0 是可以用于生产的版本。本书中的示例程序和脚本已经针对 Dapr v1.5 进行升级并测试。

1.4.1 Docker

由于 Dapr 需要用到本地开发环境中的 Docker，因此请确保本地开发环境中已经安装 Docker。如果本地开发机器使用的是 Windows 操作系统，那么 Docker 必须运行在 Linux 容器模式下。

1.4.2　Dapr CLI

我们马上将要开始使用 Dapr，首先安装必要的工具。Dapr 及其工具可以在 GitHub 网站关于 Dapr 的页面中找到。在 Windows 操作系统下，推荐执行以下命令将 CLI 安装在%USERPROFILE%\.dapr\目录下，并将其加入用户 PATH 环境变量，以便可以通过命令行的方式使用这些工具：

```
powershell -Command "iwr -useb https://raw.githubusercontent.
com/dapr/cli/master/install/install.ps1 | iex"
```

以上命令用于安装 Dapr CLI 的**候选版**（Release Candidate，RC）。本章后面的内容会介绍如何在本地开发机器上初始化 Dapr。

1.4.3　.NET

要安装.NET 5，请先访问微软官方网站并下载最新安装包。

推荐在本地开发机器上安装包含运行时的完整版 SDK。安装完成后，打开一个新的命令行窗口（Command Prompt）并运行 dotnet --info 命令，你应该看到下列输出：

```
PS C:\Repos\dapr-samples\chapter01> dotnet --info
.NET SDK (reflecting any global.json):
 Version:   5.0.202
 Commit:    db7cc87d51
Runtime Environment:
 OS Name:     Windows
 OS Version:  10.0.19042
 OS Platform: Windows
 RID:         win10-x64
 Base Path:   C:\Program Files\dotnet\sdk\5.0.202\
Host (useful for support):
  Version: 5.0.5
  Commit:  2f740adc14
…
```

这表示已经安装.NET，并且能正常工作。

1.4.4　VS Code

VS Code 是微软公司出品的多平台代码编辑器，可以按照 visualstudio 网站上的相关指示进行安装。

Dapr 插件

Dapr 提供面向 VS Code 的插件。该插件可以导览本地 Dapr 环境，简化调试配置——强烈推荐安装。请按照 Dapr 网站上的相关指示进行安装。

1.4.5　Windows 终端

我非常喜欢新版本的 Windows 终端，它变得更易用和配置。在接下来的内容中，我们经常需要同时运行多个命令和工具。推荐使用支持多标签特性的 Windows 终端。

1.4.6　在自托管模式下安装 Dapr

Dapr 可以使用两种模式初始化——**自托管**（或单机）和 **Kubernetes 托管模式**。

自托管模式仅用于开发环境，此模式能够在本地开发环境中安装 Redis、Dapr placement 服务和 Zipkin。在本地初始化 Dapr 的命令如下：

```
dapr init
```

在本地开发环境中，可能会发生 Dapr 安装的 Redis 要使用的端口（这里仅用于举例目的）已经被占用的情况。这种情况下你需要定位并修改使用这些端口的进程和容器。

运行 init 命令后，可以看到下列信息：

```
PS C:\Repos\dapr-samples\chapter01> dapr init
Making the jump to hyperspace...
Downloading binaries and setting up components...
Downloaded binaries and completed components set up.
```

```
daprd binary has been installed to C:\Users\dabedin\.dapr\bin.
dapr_placement container is running.
dapr_redis container is running.
dapr_zipkin container is running.
Use `docker ps` to check running containers.
Success! Dapr is up and running. To get started, go here:
https://aka.ms/dapr-getting-started
```

可以使用命令 docker ps 检查新初始化的 Dapr 环境，命令如下：

```
PS C:\Repos\dapr-samples\chapter01> docker ps --format "{{.
ID}}: {{.Image}} - {{.Ports}} - {{.Names}}"
2082b7f0eda4: daprio/dapr - 0.0.0.0:6050->50005/tcp - dapr_
placement
6c68d869cea7: redis - 0.0.0.0:6379->6379/tcp - dapr_redis
e4c8eae6992d: openzipkin/zipkin - 9410/tcp, 0.0.0.0:9411->9411/
tcp - dapr_zipkin
```

上述输出展示了在本地开发机器上运行的 Docker 容器信息。

1.4.7　在 Kubernetes 上安装 Dapr

Dapr 最重要的目的是运行在 Kubernetes 中。如果开发环境中安装了 Dapr CLI，则可以在 Kubernetes 中设置 Dapr，命令如下：

```
dapr init -k
```

或者，可以使用命令 Helm v3 chart 将 Dapr 安装在 Kubernetes 上。更多细节请参考 Dapr 网站。

> **重要提示：**
>
> 你可以定义一个持续集成/持续部署（Continuous Integration/Continuous Deployment, CI/CD）的自动化流程用于解决 Dapr 在 Kubernetes 中的安装问题。不过这种方法不在本章讨论的范围内。

运行以下命令检查是否成功安装：

```
kubectl get pods --namespace dapr-system
```

上述命令将检查 dapr-system 命名空间下的 pod。

1.4.8　升级 Dapr 版本

如果使用的 Windows 操作系统开发机器已经安装旧版本的 Dapr，那么使用 powershell 命令可以更新 Dapr CLI 的版本，命令如下：

```
PS C:\Repos\dapr-samples\chapter01> powershell -Command "iwr
-useb https://raw.githubusercontent.com/dapr/cli/master/
install/install.ps1 | iex"
WARNING: Dapr is detected - c:\dapr\dapr.exe
CLI version: 1.0.1
Runtime version: 1.0.0
Reinstalling Dapr...
Creating c:\dapr directory
Downloading https://api.github.com/repos/dapr/cli/releases/
assets/34341976 ...
Extracting c:\dapr\dapr_windows_amd64.zip...
CLI version: 1.1.0
Runtime version: 1.0.0
Clean up c:\dapr\dapr_windows_amd64.zip...
Try to add c:\dapr to User Path Environment variable...
Skipping to add c:\dapr to User Path - …此处省略…

Dapr CLI is installed successfully.
To get started with Dapr, please visit https://docs.dapr.io/
getting-started/ .
Ensure that Docker Desktop is set to Linux containers mode when
you run Dapr in self hosted mode.
```

更新 Dapr 和安装 Dapr 的步骤类似，但我们需要先卸载 Dapr，命令如下：

```
PS C:\Repos\dapr-samples\chapter01> dapr uninstall
Removing Dapr from your machine...
```

```
Removing directory: C…
Removing container: dapr_placement
Dapr has been removed successfully
```

执行命令 dapr init 后，将检查本地开发环境中的 Dapr 版本。可以看到，Dapr CLI 和运行时版本都由 1.0 更新到 1.1，命令如下：

```
PS C:\Repos\dapr-samples\chapter01> dapr --version
CLI version: 1.1.0
Runtime version: 1.1.1
```

Dapr 测试环境已经配置完成并正常运行。现在我们已经准备好运行第一个 Dapr 示例程序。

1.5　开发第一个 Dapr 示例程序

是时候在开发中使用 Dapr 了：我们将开发一个返回 Hello World 消息的 Web API。我将本书所有的示例程序都在我的计算机的文件夹 C:\Repos\dapr-samples\中，我为第一个示例程序创建的文件夹是 C:\Repos\dapr-samples\chapter01。我们将采取如下步骤。

步骤 1：创建一个基于.NET 的 Web API 项目。命令如下：

```
PS C:\Repos\dapr-samples\chapter01> dotnet new webapi -o
dapr.microservice.webapi
```

步骤 2：然后将 Dapr SDK 引用添加到 ASP.NET 中。当前版本是 1.0.0，可以在 NuGet 上找到版本号并使用 dotnet add package 命令完成操作，命令如下：

```
PS C:\Repos\dapr-samples\chapter01> dotnet add package
Dapr.AspNetCore --version 1.1.0
```

步骤 3：需要对模板做一些修改才能完成项目。通过 VS Code 来做会简单很多——使用<directory>\code .命令，我们可以打开项目文件夹。

步骤 4：为了在 ASP.NET 中支持 Dapr，这里对代码做了一些修改，在 Startup.cs 中将 ConfigureServices 方法改为 services.AddControllers().AddDapr()。

在 Configure 中，我也加入了 endpoints.MapSubscribeHandler()。对本节的示例程序来说，这不是必需的，因为我们没有使用 Dapr 的发布/订阅功能。尽管如此，将 endpoints. MapSubscribeHandler()作为 ASP.NET 项目的默认设置也是很有好处的，方便后期使用。最后，为了简化代码，我移除了 app.UseHttpsRedirection()。修改过的 Startup.cs 类代码如下：

```
using Microsoft.AspNetCore.Builder;
using Microsoft.AspNetCore.Hosting;
using Microsoft.Extensions.Configuration;
using Microsoft.Extensions.DependencyInjection;
using Microsoft.Extensions.Hosting;
namespace dapr.microservice.webapi
{
    public class Startup
    {
        public Startup(IConfiguration configuration)
        {
            Configuration = configuration;
        }
        public IConfiguration Configuration { get; }
        //此方法由运行时调用，使用此方法向容器中添加服务
        public void ConfigureServices
         (IServiceCollection services)
        {
            services.AddControllers().AddDapr();
        }
        //此方法由运行时调用，使用此方法配置 HTTP 请求管线
        public void Configure(IApplicationBuilder app,
          IWebHostEnvironment env)
        {
            if (env.IsDevelopment())
            {
                app.UseDeveloperExceptionPage();
            }
            app.UseRouting();
            app.UseAuthorization();
            app.UseEndpoints(endpoints =>
```

```
            {
                endpoints.MapSubscribeHandler();
                endpoints.MapControllers();
            });
        }
    }
}
```

在上面的代码中，Dapr 使用了 ASP.NET 框架的 **Model-View-Controller** (MVC)设计模式。对于在 ASP.NET 中使用 Dapr，一种替代方案是通过 ASP.NET Core 路由的 MapGet(...)和 MapPost(...)来实现。

步骤 5：添加 HelloWorldController.cs 控制器。代码如下：

```
using Dapr;
using Microsoft.AspNetCore.Mvc;
using System;
namespace dapr.microservice.webapi.Controllers
{
    [ApiController]
    public class HelloWorldController : ControllerBase
    {
        [HttpGet("hello")]
        public ActionResult<string> Get()
        {
            Console.WriteLine("Hello, World.");
            return "Hello, World";
        }
    }
}
```

在以上代码中可以看到[HttpGet("hello")]：Dapr 会通过这个 ASP.NET 属性识别对应路径的方法名。

步骤 6：通过命令运行 Dapr 应用。具体如下：

```
dapr run --app-id <your app id> --app-port <port of the
application> --dapr-http-port <port in Dapr> dotnet run
```

我使用了 ASP.NET 的默认端口 5000，但是将 Dapr HTTP 端口修改为 5010。使用以下命令启动 Dapr 应用：

```
PS C:\Repos\dapr-samples\chapter01\dapr.microservice.
webapi> dapr run --app-id hello-world --app-port 5000
--dapr-http-port 5010 dotnet run
Starting Dapr with id hello-world. HTTP Port: 5010. gRPC
Port: 52443
```

初始化信息提示 Dapr 将使用 5010 作为 HTTP 端口，如同配置的那样，而 gRPC 将使用自动选择的可用接口。

Dapr 的日志显示了丰富的信息。如果要确定你的应用在 Dapr 中是否成功启动，可以试图找到如下日志：

```
Updating metadata for app command: dotnet run
You're up and running! Both Dapr and your app logs will appear here.
```

到了这个阶段，ASP.NET 在监听本地 5000 端口，而 Dapr 监听本地 5010 端口。可以使用命令 curl 来测试 Dapr 应用。当然，你也可以使用浏览器，命令如下：

```
PS C:\Repos\dapr-samples\chapter01> curl http://
localhost:5010/v1.0/invoke/hello-world/method/hello
Hello, World
```

这条响应消息来自 Dapr。Dapr 将来自客户端的请求传递到 ASP.NET Web API 后端进行处理。你应该可以看到已写入日志的响应消息，因为 Console.WriteLine 将它输出到 Dapr CLI 窗口，如下：

```
== APP == Hello, World.
```

步骤 7：通过另一个窗口验证 Dapr 服务详情。并非运行命令 dapr list，而是使用以下命令来打开 Dapr 仪表板：

```
PS C:\Windows\System32> dapr dashboard
Dapr Dashboard running on http://localhost:8080
```

可以通过访问 http://localhost:8080 来打开仪表板。

如图 1.3 所示，Dapr 仪表板展示了 hello-world 应用的详情。

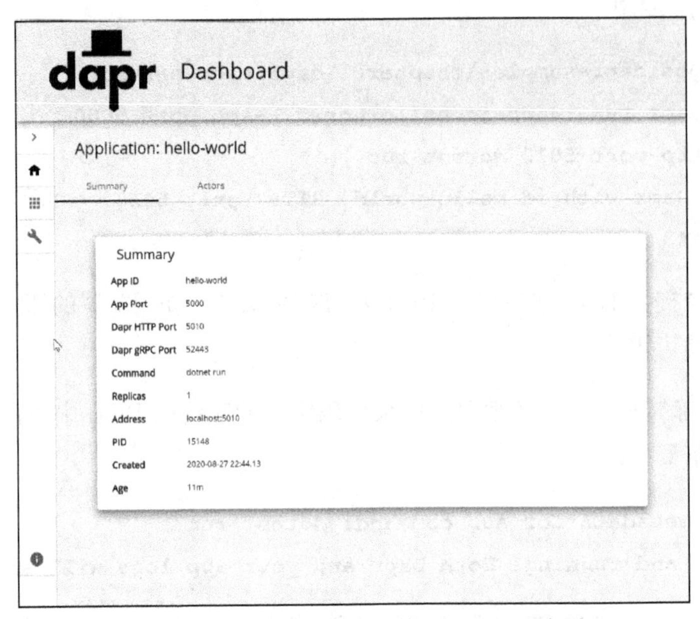

图 1.3　Dapr 仪表板中显示的 hello-world 应用

在这种情况下，Dapr 仪表板仅仅显示了运行在本地开发机器中的示例程序。在 Kubernetes 环境下，它将展示运行中的微服务与其他组件。

Dapr 仪表板也展示了主机环境中配置的组件，如图 1.4 所示。

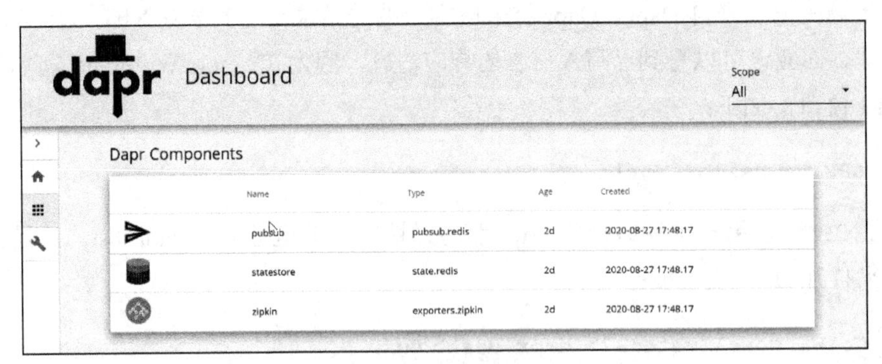

图 1.4　Dapr 仪表板中的组件

在图 1.4 中，Dapr 仪表板展示了本地开发环境中安装的 Redis 被配置为状态存储组件和发布/订阅组件，以及已经部署和集成的 Zipkin①。

本章的介绍到此结束，我们完成了第一个 Dapr 示例程序的开发。

1.6 小结

在本章中，我们学习了 Dapr 及其组件、构建块和 sidecar 模式。我们将会在接下来的内容中逐个探索这些概念。现在你已经可以在本地开发机器上配置 Dapr，准备好必要的工具来提升学习体验了。

同时，我们也学习了如何创建一个简单的 ASP.NET 项目，以及如何配置和检查 Dapr。我们也简单了解了 Dapr 仪表板——它可以帮助我们全面并仔细地了解 Dapr 环境。

在第 2 章中，我们将使用新创建的开发环境来学习如何调试 Dapr。

① 若 dashboard 没显示 Zipkin，请在 component 目录配置类型为 exporters.zipkin 的 Zipkin 导出器，具体方法可参考 GitHub 网站上的文章“Set up distributed tracing with Zipkin”。自托管模式下，exporterAddress 值为 http://localhost:9411/api/v2/spans。——译者注

第 2 章 调试 Dapr 解决方案

在本章中，你将学习如何在 VS Code 中设置本地开发环境，从而调试 Dapr 解决方案。

Dapr 的执行方式包括通过**命令行界面**（Command Line Interface，CLI）、VS Code 调试会话（debug session）和 Tye。你可以根据自己的偏好选择其中一种方式。

本章涵盖的主题如下：

- 在 VS Code 中配置和调试 Dapr；
- 调试一个多项目的 Dapr 解决方案；
- 结合 Tye 使用 Dapr。

在学习的过程中，没有什么可以替代实践，Dapr 也不例外。为了练习使用 Dapr，我们通常会通过启动一个（或多个）Dapr 应用来研究 Dapr 是怎么工作的——我们能够越早开始调试它越好。接下来，我们将从配置 VS Code 开始。

2.1 技术要求

示例程序的代码可以通过本书的“资源与支持”下载。本节的示例程序的代码在压缩包的 chapter02 文件夹中。

在本章中，脚本和代码文件统一存放在目录<repository path>\chapter02\中，我的本地目录是 C:\Repos\dapr-samples\chapter02。

请参考 1.4 节配置开发 Dapr 并运行示例程序所需要的工具。

2.2　在 VS Code 中配置和调试 Dapr

在本书中，我们将借助 VS Code 通过一些示例程序来探索 Dapr。在钻研 Dapr 的功能细节之前，我们需要先配置 VS Code 这个多平台的代码编辑器以便调试示例程序的代码。

关于如何在 VS Code 中设置 Dapr 调试的详细指导，请查阅 Dapr 网站中的文章“Visual Studio Code”。

以下步骤将指导我们在 VS Code 中调试第 1 章中的 hello-world 示例程序副本。

2.2.1　连接调试器

在工作区中，我们可以找到第 1 章中开发的示例程序。在命令行窗口中，可以通过 Dapr CLI 运行命令 dotnet run 来启动 Web API 示例项目，命令如下：

```
PS C:\Repos\dapr-samples\chapter02\sample.microservice.webapi>
dapr run --app-id hello-world --app-port 5000 --dapr-http-port
5010 dotnet run
```

可以看到如下输出：

```
Starting Dapr with id hello-world. HTTP Port: 5010. gRPC Port:
57138
…
Updating metadata for app command: dotnet run
You're up and running! Both Dapr and your app logs will appear here.
```

除 VS Code 提供的默认配置以外，我们不需要任何额外的配置就可以链接到运行中的.NET 代码以调试 Dapr 示例服务。

接下来还需要继续修改调试配置，然后通过命令行窗口运行应用并观察输出。我们需要慢慢适应这种调试风格。

下面是一个.NET Web API 项目的 launch.json 文件的默认内容——在此阶段，我们将专注于.NET Core Attach 的配置：

```
{
    "version": "0.2.0",
    "configurations": [
        {
            "name": ".NET Core Launch (web)",
            "type": "coreclr",
            "request": "launch",
            "preLaunchTask": "build",
            //
            "program": "${workspaceFolder}/bin/Debug/net5.0
              /sample.microservice.webapi.dll",
            "args": [],
            "cwd": "${workspaceFolder}",
            "stopAtEntry": false,
            /* Enable launching a web browser when ASP.NET
Core starts. For more information: https://aka.ms/VSCode-CS-
LaunchJson-WebBrowser */
            "serverReadyAction": {
                "action": "openExternally",
                "pattern": "\\bNow listening
                   on:\\s+(https?://\\S+)"
            },
            "env": {
                "ASPNETCORE_ENVIRONMENT": "Development"
            },
            "sourceFileMap": {
                "/Views": "${workspaceFolder}/Views"
            }
        },
        {
            "name": ".NET Core Attach",
```

```
                "type": "coreclr",
                "request": "attach",
                "processId": "${command:pickProcess}"
            }
        ]
    }
```

在上述配置中，除向终端用户询问 VS Code 需要链接的进程以外，没有什么特殊的要求。

通过 Dapr CLI 启动 Dapr hello-world 服务之后，该服务就运行在一个 Dapr 运行时进程（dapr.exe）中。我们需要在 VS Code 中打开名为.NET Core Attach 的调试配置，然后寻找.NET Web API 服务进程。如图 2.1 所示，在这种情况下，可以通过 sample.microservice.webapi.exe 找到，该服务进程。

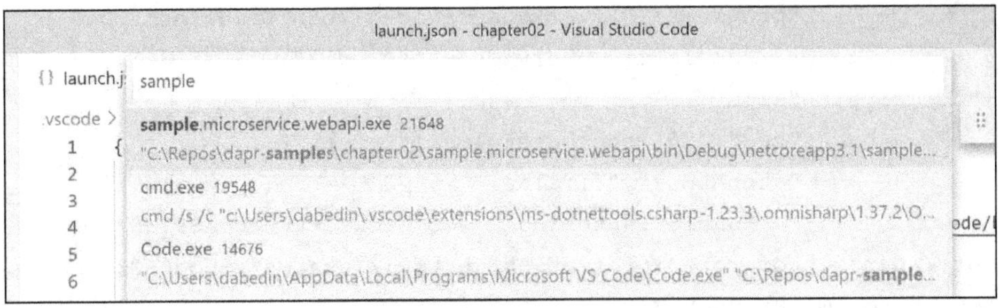

launch.json - chapter02 - Visual Studio Code
{} launch.j
sample
.vscode >
sample.microservice.webapi.exe 21648
"C:\Repos\dapr-samples\chapter02\sample.microservice.webapi\bin\Debug\netcoreapp3.1\sample...
cmd.exe 19548
cmd /s /c "c:\Users\dabedin\.vscode\extensions\ms-dotnettools.csharp-1.23.3\.omnisharp\1.37.2\O...
Code.exe 14676
"C:\Users\dabedin\AppData\Local\Programs\Microsoft VS Code\Code.exe" "C:\Repos\dapr-sample...
1 {
2
3
4
5
6
ode/

图 2.1　在 VS Code 调试器中链接服务进程

只要我们在调试器中链接到正确的进程，就可以在 VS Code 中设置断点并调试代码。

这只是一个快速入门的例子，不太适合用来演示频繁的调试或者比较复杂的项目的调试。接下来，我们会更详细地检验调试配置。

2.2.2　检验调试配置

我们的下一个目标是在 VS Code 中将这两个步骤结合起来：通过 CLI 启动 Dapr 并连接到调试器。

重要提示：

在 VS Code 中，可以使用 Ctrl+Shift+P 组合键来激活命令面板。

可以借助 VS Code 的 Dapr 插件来生成配置，而不是手动配置 launch.json。

在 hello-world 示例程序中，打开命令面板并且寻找 Dapr 相关的任务。如图 2.2 所示，在显示的任务列表中可以找到 **Dapr: Scaffold Dapr Tasks**。

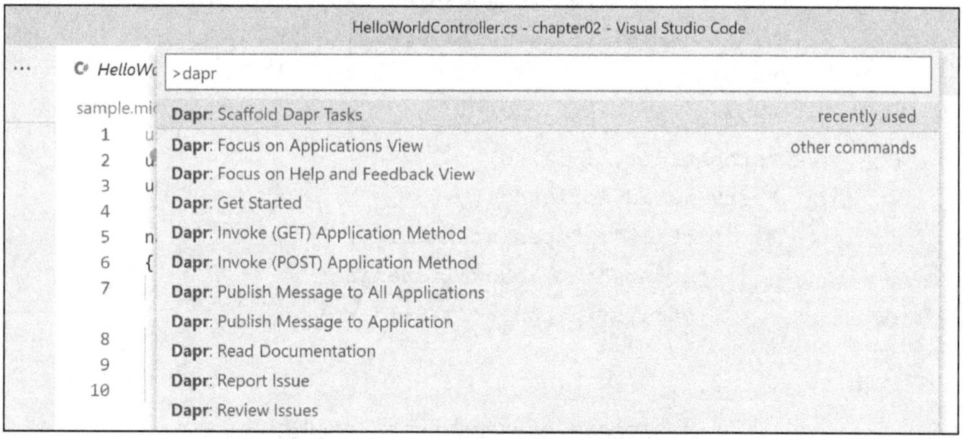

图 2.2　VS Code 的 Dapr 插件中的任务

选择 Dapr 任务后，系统询问从哪个基础启动配置中派生：我们应该选择默认的 **.NET Core Launch(web)** 选项。

为了与直接使用 Dapr CLI 启动应用的效果保持一致，我们设置 hello-world 作为 APP 的**标识符**（ID），并将应用的端口设置为默认值 5000。以下从 launch.json 中抽取出来的部分信息展示了相关的变化：

```
{
    "version": "0.2.0",
    "configurations": [
        {
            "name": ".NET Core Launch (web)",
            …此处省略…
        },
        {
```

```
            "name": ".NET Core Attach",
            …此处省略…
        },
        {
            "name": ".NET Core Launch (web) with Dapr",
            "type": "coreclr",
            "request": "launch",
            "preLaunchTask": "daprd-debug",
            "program": "${workspaceFolder}/bin/Debug/net5.0
                /sample.microservice.webapi.dll",
            "args": [],
            "cwd": "${workspaceFolder}",
            "stopAtEntry": false,
            "serverReadyAction": {
                "action": "openExternally",
                "pattern": "\\bNow listening
                  on:\\s+(https?://\\S+)"
            },
            "env": {
                "ASPNETCORE_ENVIRONMENT": "Development"
            },
            "sourceFileMap": {
                "/Views": "${workspaceFolder}/Views"
            },
            "postDebugTask": "daprd-down"
        }
]
}
```

同时 Dapr 插件也准备好一个名为 tasks.json 的文件，内容如下：

```
{
    "version": "2.0.0",
    "tasks": [
        …此处省略…
        {
            "appId": "hello-world",
```

```
            "appPort": 5000,
            "label": "daprd-debug",
            "type": "daprd",
            "dependsOn": "build"
        },
        {
            "appId": "hello-world",
            "label": "daprd-down",
            "type": "daprd-down"
        }
    ]
}
```

当我们在 VS Code 中选择.**NET Core Launch (web) with Dapr** 来激活调试时，系统将按顺序发生以下事件：

1. 调用 daprd-debug 任务；
2. 这个任务依赖 build 任务，顾名思义，它会构建这个.NET 项目；
3. 执行新构建的.NET Web API 项目；
4. 对于类型为 daprd 的任务，根据已配置的设置来调用 Dapr 调试器；
5. 一旦完成调试，将调用 dapr-down 以停止 Dapr 服务。

> **重要提示：**
>
> 请记住，VS Code 调试配置和通过 Dapr CLI 启动的方式互不相容：在开发环境中，你不能同时让多个进程使用相同的应用 ID 运行在已经使用的端口上。

推荐你显式地编辑 task.json 中的任务来适应本地开发环境的需求。为了匹配到目前我们使用的 Dapr CLI 语法 dapr run --app-id hello-world --app-port 5000 --dapr-http-port 5010 dotnet run，在 task.json 中.NET Web API 应用将使用端口 appPort，而 httpPort 和 grpcPort 则被配置为公开的 Dapr 服务端。在下面的代码中，可以看到这些端口：

```
{
            "appId": "hello-world",
```

```
            "appPort": 5000,
            "httpPort": 5010,
            "grpcPort": 50010,
            "label": "daprd-debug",
            "type": "daprd",
            "dependsOn": "build"
        }
```

如果启动上述 VS Code 调试配置，将看到如下输出：

```
> Executing task: C:\Program Files\dotnet\dotnet.exe build C:\
Repos\dapr-samples\chapter02\sample.microservice.webapi/sample.
microservice.webapi.csproj /property:GenerateFullPaths=true /
consoleloggerparameters:NoSummary <
Microsoft (R) Build Engine version 16.9.0+57a23d249 for .NET
Copyright (C) Microsoft Corporation. All rights reserved.
  Restore completed in 49,91 ms for C:\Repos\dapr-samples\
chapter02\sample.microservice.webapi\sample.microservice.
webapi.csproj.
  sample.microservice.webapi -> C:\Repos\dapr-samples\
chapter02\sample.microservice.webapi\bin\Debug\net5.0\sample.
microservice.webapi.dll
Terminal will be reused by tasks, press any key to close it.
> Executing task: daprd-debug <
> Executing command: daprd --app-id "hello-world" --app-port
"5000" --dapr-grpc-port "50010" --dapr-http-port "5010"
--placement-address "localhost:50005" <
```

最后一个命令展示了调试配置是如何借助 Dapr CLI 通过在 task.json 中指定的端口、设置来运行 Dapr 应用的。

通过 http://localhost:5010/v1.0/invoke/hello-world/method/hello 来访问 Dapr，我们得到预期的结果——这次是在 VS Code 内部的集成调试体验中获得的。

我们已经成功地配置 VS Code，通过它能够迅速构建.NET 项目，同时还使用配置启动了 Dapr，并在最后进行清理。我们将在接下来的内容中继续实践。

2.3 调试一个多项目的 Dapr 解决方案

在本节中，我们将为多个 ASP.NET 项目配置调试。在大多数场景中，一个.NET 解决方案是由不同的项目开发的，每一个项目代表一个微服务或整体架构中的一个组件。在 Dapr 中更是如此，它侧重于简化微服务的开发过程。

这里，我们利用 VS Code 的功能来一次性调试多个项目。请访问文档 https://code.visualstudio.com/docs/editor/debugging#_multitarget-debugging 以获取更多的细节。

之前，我们只需要启动一个项目——利用 VS Code Dapr 扩展插件中的一个脚手架任务在 launch.json 和 task.json 中添加对 Dapr 的支持。这一次，我们将要手动修改这些文件。

2.3.1 创建.NET 解决方案

我们之前创建了第一个.NET 项目。为了测试多项目调试配置，接下来将添加第二个 Dapr 项目——我们把它命名为 sample.microservice.webapi2，命令如下：

```
PS C:\Repos\dapr-samples\chapter02\sample.microservice.webapi>
cd ..
PS C:\Repos\dapr-samples\chapter02> dotnet new webapi -o
sample.microservice.webapi
2
The template "ASP.NET Core Web API" was created successfully.

Processing post-creation actions...
Running 'dotnet restore' on sample.microservice.webapi2\sample.
microservice.webapi2.csproj…
  Restore completed in 152,92 ms for C:\Repos\dapr-samples\
chapter02\sample.microse
rvice.webapi2\sample.microservice.webapi2.csproj.

Restore succeeded.
```

简言之，我们需要将第 1 章中对第一个示例程序的改动应用到新创建的.NET 项目中。

现在我们有了两个 ASP.NET 项目，可以用一个解决方案文件把它们合并在一起——.NET CLI 有能力创建一个空的.sln 文件并向其中添加项目，命令如下：

```
PS C:\Repos\dapr-samples\chapter02> dotnet new sln
The template "Solution File" was created successfully.
PS C:\Repos\dapr-samples\chapter02> dotnet sln add c:\Repos\
dapr-samples\chapter02\sample.microservice.webapi\sample.
microservice.webapi.csproj
```

解决方案文件准备就绪，我们现在可以开始准备调试配置了。

2.3.2　启动配置

由于我们打算同时调试 sample.microservice.webapi（我们最开始的项目）和 sample.microservice.webapi2，因此这两个.NET 项目和 Dapr 应用需要同时运行。

每一个 ASP.NET 项目应该托管在不同的端口上，同时每个 Dapr 应用应该有不同的名字和唯一的 HTTP、**gRPC**、metrics 端口，并且应该把 ASP.NET 的端口看作 Dapr 应用的端口。

以下代码是 launch.json 的一部分：

```
...此处省略...
    "configurations": [
     {
         "name": ".NET Core Launch w/Dapr (webapi)",
         "type": "coreclr",
         "request": "launch",
         "preLaunchTask": "daprd-debug-webapi",
         "program": "${workspaceFolder}/sample.
            microservice.webapi/bin/Debug
            /net5.0/sample.microservice.webapi.dll",
         "args": [],
         "cwd": "${workspaceFolder}/sample
```

```
            .microservice.webapi",
        "stopAtEntry": false,
        "env": {
            "ASPNETCORE_ENVIRONMENT": "Development",
            "ASPNETCORE_URLS": "http://+:5001",
            "DAPR_HTTP_PORT": "5010"
        },
        "sourceFileMap": {
            "/Views": "${workspaceFolder}/Views"
        },
        "postDebugTask": "daprd-down-webapi"
    },
    {
        "name": ".NET Core Launch w/Dapr (webapi2)",
        "type": "coreclr",
        "request": "launch",
        "preLaunchTask": "daprd-debug-webapi2",
        "program": "${workspaceFolder}/sample
            .microservice.webapi2/bin/Debug
            /net5.0/sample.microservice.webapi2.dll",
        "args": [],
        "cwd": "${workspaceFolder}
            /sample.microservice.webapi2",
        "stopAtEntry": false,
        "env": {
            "ASPNETCORE_ENVIRONMENT": "Development",
            "ASPNETCORE_URLS": "http://+:5002",
            "DAPR_HTTP_PORT": "5020"
        },
        "sourceFileMap": {
            "/Views": "${workspaceFolder}/Views"
        },
        "postDebugTask": "daprd-down-webapi2"
    }
]
...此处省略...
```

正如你从启动配置中看到的，每一个项目对应一个 preLaunchTask 任务和一个 postDebugTask 任务。

2.3.3　任务

以下内容是从 task.json 的 tasks:[…]元素中抽取出来的。可以在示例目录中找到完整的配置文件。

```
...此处省略...
        {
            "label": "build-webapi",
            "command": "dotnet",
            "type": "process",
            "args": [
                "build",
                "${workspaceFolder}/sample
                   .microservice.webapi
                   /sample.microservice.webapi.csproj",
                "/property:GenerateFullPaths=true",
                "/consoleloggerparameters:NoSummary"
            ],
            "problemMatcher": "$msCompile"
        },
        {
            "appId": "hello-world",
            "appPort": 5001,
            "httpPort": 5010,
            "grpcPort": 50010,
            "metricsPort": 9091,
            "label": "daprd-debug-webapi",
            "type": "daprd",
            "problemMatcher": {
                "pattern": [
                    {
                      "regexp": ".",
```

```
                    "file": 1,
                    "location": 2,
                    "message": 3
                }
            ],
            "background": {
                "beginsPattern": "^.*starting Dapr
                    Runtime.*",
                "endsPattern": "^.*waiting on port.*"
            }
        },
        "dependsOn": "build-webapi"
    },
    {
        "appId": "hello-world",
        "label": "daprd-down-webapi",
        "type": "daprd-down"
    }
...此处省略...
```

在上述代码中，hello-world 服务对应于 sample.microservice.webapi 项目，相应配置采用了一系列端口：“apport”：5001，“httpPort”：5010，“grpcPort”：50010，“metricsPort”：9091。

与之相比，salute-world 服务的调试配置采用了和上述 appPort、httpPort、grpcPort、metricsPort 不冲突的端口。

值得一提的是，在配置文件中分别创建了两组 build、dapr-debug（启动 Dapr App）和 dapr-down（停止和清理）任务，每一组对应一个项目。

因此，在任何需要引用项目文件和库的地方，我都将项目的路径修改为${workspaceFolder}/<project path>/<file>。

2.3.4　启动独立的调试会话

基于上述配置，我们可以在 VS Code 中为每个项目单独启动.NET 和 Dapr 的集成调试。如图 2.3 所示，可以看到，VS Code 识别了两个调试配置。

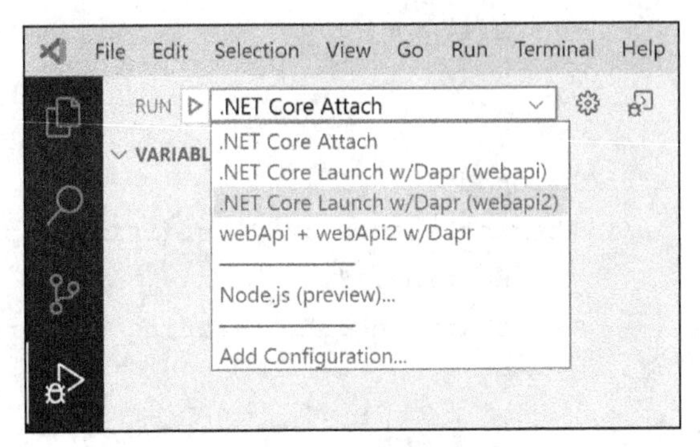

图 2.3　VS Code 中的调试配置

我们可以测试每个项目是否正确构建并公开为本地 ASP.NET 端点（endpoint），然后为每个应用启动 Dapr CLI 调试器。

下面的代码展示了一次简单的测试。我们可以通过 curl 来调用两个 Dapr 应用——这两个 Dapr 应用在 VS Code 中以调试模式运行：

```
PS C:\> curl http://localhost:5010/v1.0/invoke/hello-world/
method/hello
Hello, World
PS C:\> curl http://localhost:5020/v1.0/invoke/salute-world/
method/salute
I salute you, my dear World.
```

上述两个 Dapr 示例服务可以通过 Dapr 运行时进行调用。接下我们尝试启动一个调试会话。

2.3.5　启动组合的调试会话

本章到此还没有结束，我们的最后一个目标是让 VS Code 同时构建和启动两个 Dapr 应用，而不是让用户分别启动每个项目。我们可以通过 VS Code 中的组合任务来实现这个目标。

一个组合启动配置可以并行地开启多个调试会话。我们需要做的是在 launch.json 中引用之前定义好的配置，代码如下：

```
"compounds":
  [
    {
      "name": "webApi + webApi2 w/Dapr",
      "configurations": [".NET Core Launch w/Dapr
        (webapi)", ".NET Core Launch w/Dapr (webapi2)"]
    }
  ]
```

正如图 2.4 展示的，我们同时激活了两个调试会话和两个 Dapr 应用——hello-world 和 salute-world。

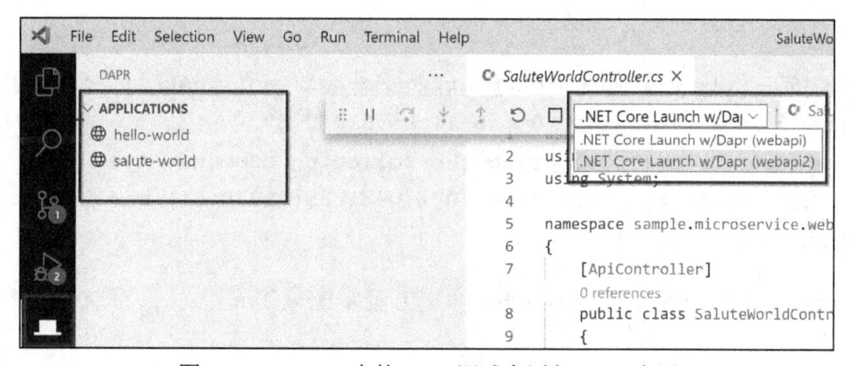

图 2.4　VS Code 中的 Dapr 调试会话与 Dapr 应用

由于这两个 Dapr 应用是通过 Dapr CLI 调试器启动的，因此它们出现在 VS Code Dapr 插件环境中，但是它们不是产生自 Dapr CLI：使用命令 dapr list 或浏览 Dapr 仪表板不会显示任何应用正在运行。

至此完成本节的任务：现在我们可以迅速地进入一个调试会话，其中包含了所需的微服务和其他库的所有项目。

2.4　结合 Tye 使用 Dapr

对包含多个项目的 Dapr 解决方案来说，VS Code 提供的多目标调试功能是个非常棒的体验。当然，我们还可以通过其他选项来完成同样的任务，其中一个选项就是 **Tye**。

Project Tye 是.NET 基金会主导的一个新的开源项目。作为一个实验项目，目前它还处在开发阶段。

Project Tye 是一款简化开发、测试、部署微服务和分布式应用的工具。接下来我们将结合 Dapr 来探索 Project Tye。

2.4.1 安装 Tye

在写作本书时，Tye 0.6.0-alpha 是最新的公开版本①。我们可以使用以下命令在本地开发环境中安装 Tye：

```
PS C:\Repos\dapr-samples\chapter02> dotnet tool install -g
Microsoft.Tye --version "0.6.0-alpha.21070.5"
You can invoke the tool using the following command: tye
Tool 'microsoft.tye' (version '0.6.0-alpha.21070.5') was
successfully installed.
```

就这么简单！现在我们可以在.NET 解决方案中配置 Tye 了。

2.4.2 使用 Tye

在项目结构的根目录中，我们初始化了一个.yaml 文件来让 Tye 知道如何处理 ASP.NET 项目和 Dapr 配置，命令如下：

```
PS C:\Repos\dapr-samples\chapter02> tye init
Created 'C:\Repos\dapr-samples\chapter02\tye.yaml'.
Time Elapsed: 00:00:00:34
```

上述命令创建了一个叫 tye.yaml 的文件，内容如下：

```
name: hello-world-debug
services:
```

① 翻译本书时，最新可用版本是 Tye 0.11.0。——译者注

```
- name: dapr-microservice-webapi
  project: sample.microservice.webapi/sample.microservice.
webapi.csproj
- name: dapr-microservice-webapi2
  project: sample.microservice.webapi2/sample.microservice.
webapi2.csproj
```

由于这里已经有了一个解决方案文件，因此 Tye 识别出这两个项目。在之前的例子中，我们使用了不同的 Dapr app-id，如 hello-world 和 salute-world——下一步我们将修复这个问题。

Tye 代码仓库包含 Dapr 配置清单，详见 GitHub 网站中关于 Tye 的页面。我把默认的配置改为如下内容：

```
name: hello-world-debug
extensions:
- name: dapr
```

唯一的改动是添加了一个 extensions，内容为 name: dapr。

注意，由于我已经在本地开发环境中初始化 Dapr，同时创建好 Redis，因此，我在 Tye 配置中把它注释了。

在命令行窗口（Windows Terminal 或者 VS Code 终端窗口）中，我们可以通过命令 tye run 来启动 Tye，命令如下：

```
PS C:\Repos\dapr-samples\chapter02> tye run
```

从如下的输出中，我们可以看到 Tye 是如何启动 Dapr 应用的：

```
Loading Application Details...
Launching Tye Host...

[21:23:05 INF] Executing application from C:\Repos\dapr-
samples\chapter02\tye.yaml
[21:23:05 INF] Dashboard running on http://127.0.0.1:8000
[21:23:06 INF] Building projects
[21:23:07 INF] Launching service hello-world-dapr_dc1ac8cb-5:
daprd -app-id hello-world -app-port 60146 -dapr-grpc-port 60150
```

```
--dapr-http-port 60151 --metrics-port 60152 --placement-address
localhost:50005 -log-level debug
[21:23:07 INF] Launching service hello-world_613eee7d-f: C:\
Repos\dapr-samples\chapter02\sample.microservice.webapi\bin\
Debug\net5.0\sample.microservice.webapi.exe
[21:23:07 INF] Launching service salute-world-dapr_90068b8d-4:
daprd -app-id salute-world -app-port 60148 -dapr-grpc-port
60153 --dapr-http-port 60154 --metrics-port 60155 --placement-
address localhost:50005 -log-level debug
[21:23:07 INF] Launching service salute-world_2f0e4504-2: C:\
Repos\dapr-samples\chapter02\sample.microservice.webapi2\bin\
Debug\netcoreapp3.1\sample.microservice.webapi2.exe
[21:23:07 INF] hello-world-dapr_dc1ac8cb-5 running on
process id 19140 bound to https://localhost:60150, http://
localhost:60151, http://localhost:60152
[21:23:07 INF] Replica hello-world-dapr_dc1ac8cb-5 is moving to
a ready state
[21:23:07 INF] hello-world_613eee7d-f running on process id
21224 bound to http://localhost:60146, https://localhost:60147
[21:23:07 INF] salute-world-dapr_90068b8d-4 running on
process id 16748 bound to https://localhost:60153, http://
localhost:60154, http://localhost:60155
[21:23:07 INF] Replica hello-world_613eee7d-f is moving to a
ready state
[21:23:07 INF] salute-world_2f0e4504-2 running on process id
23832 bound to http://localhost:60148, https://localhost:60149
[21:23:07 INF] Replica salute-world-dapr_90068b8d-4 is moving
to a ready state
[21:23:07 INF] Replica salute-world_2f0e4504-2 is moving to a
ready state
[21:23:08 INF] Selected process 23832.
[21:23:08 INF] Selected process 21224.
[21:23:08 INF] Listening for event pipe events for salute-
world_2f0e4504-2 on process id 23832
[21:23:08 INF] Listening for event pipe events for hello-
world_613eee7d-f on process id 21224
```

从命令的输出中，我们可以观察到 Tye 启动了 Dapr CLI 调试器（daprd），并在 ASP.NET 项目中引用了对应的 Dapr 应用，所有端口都是动态的。

在 Tye 门户中可以访问与运行进程相关的.NET 指标，如图 2.5 所示。

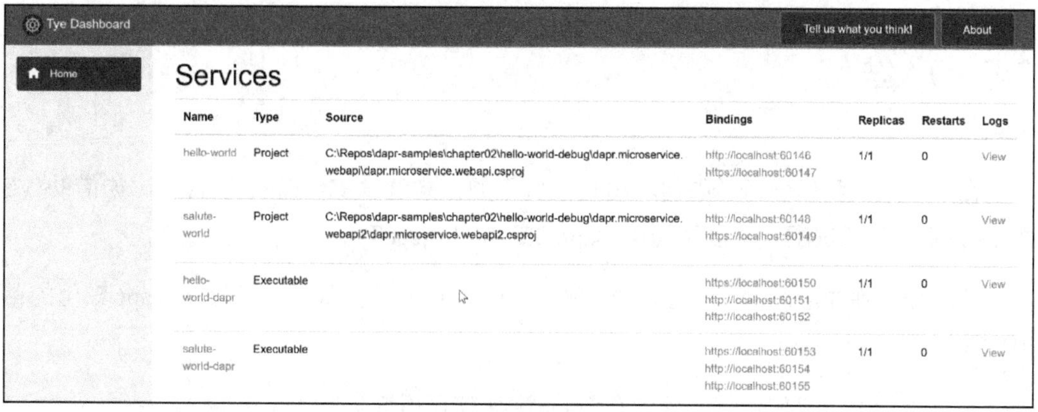

图 2.5　Tye 门户

Tye 门户展示了 Dapr 服务和对应的 Dapr sidecar。

Tye 的--debug *选项会等待 VS Code 调试会话链接到每个服务：通过查看 Tye 的门户日志，可以看到 Waiting for debugger to attach…信息。

在 VS Code 中，我们可以使用.NET Core Attach 调试配置，为每个示例项目选择对应的 ASP.NET 进程（就像我们在本章一开始做的那样）。

你或许会考虑自定义 VS Code .NET Core Attach 配置来支持多项目，类似我们之前用.NET Core Launch w/Dapr (webapi)调试配置。

一旦 VS Code 调试会话开始，就可以调用 Dapr 应用的接口，命令如下：

```
PS C:\> curl http://localhost:60151/v1.0/invoke/hello-world/
method/hello
Hello, World
```

以上是第一个 Dapr 服务的响应。接下来测试第二个，命令如下：

```
PS C:\> curl http://localhost:60154/v1.0/invoke/salute-world/
method/salute
I salute you, my dear World.
```

Tye 在调试和部署.NET 解决方案时都很实用。Tye 和 Dapr 的集成大大简化了调试过程。

到目前为止，我们通过 Tye 已完成关于 Dapr 不同调试方式的讨论。

2.5　小结

在本章中，我们学习了如何利用几个可用的方式调试 C# Dapr 项目，比如借助 VS Code 的能力和调试配置，以及使用 Dapr CLI 和 Project Tye。

熟悉和习惯 Tye 和 Dapr CLI 非常重要，因为它们是在测试阶段启动 Dapr 应用的常用方式。

在第 3 章中，我们将深入探索在 Dapr 中如何调用服务。

第二部分
使用 Dapr 构建微服务

带着新掌握的 Dapr 基础知识，你将了解为什么微服务架构非常重要以及 Dapr 如何在这次学习的旅途中帮助你。

本部分的内容如下：

- 服务间调用；
- 状态管理；
- 发布/订阅；
- 资源绑定；
- actors 的用法。

第 3 章
服务间调用

本章将指导你了解如何通过 Dapr 基础设施发现服务并完成服务间的相互调用。

本章涵盖的主题如下：

- 服务如何在 Dapr 中工作；
- 使用.NET SDK 进行服务调用；
- Dapr 服务的 HTTP 和 gRPC 调用。

通过实践示例，我们将学习如何构建微服务，并在其他应用程序中调用这些微服务。如果应用程序依赖 Dapr SDK 来调用其他服务，它们能够感知到 Dapr。如果应用程序仅仅通过本地 Dapr HTTP 端点调用其他服务，它们就不能感知到 Dapr。

在我们开始使用 Dapr 服务间调用构建块之前，首先通过一个示例程序来理解它是如何工作的。

3.1 技术要求

示例程序的代码可以按照本书文前的“资源与支持”的说明去下载。本节示例程序的代码在压缩包的 chapter03 文件夹中。

在本章中，脚本和代码文件统一存放在目录<repository path>\chapter03\中。我的本地目录是 C:\Repos\dapr-samples\chapter03。

请参考 1.4 节配置开发 Dapr 并运行示例程序需要的工具。

3.2　服务如何在 Dapr 中工作

在本节中，我们将了解 Dapr 如何为微服务提供通过服务间调用来直接进行交互的能力。

服务是 Dapr 的核心。无论是本地托管还是 Kubernetes 集群托管，Dapr 服务都能够使开发者轻松地让微服务的 API 被托管环境内部的其他组件发现并访问。

在本节中，通过使用源自初始项目的实际例子，我们将了解一个服务如何将信息发送给另一个服务，以及如何从另一个服务接收信息。

我们将通过 Dapr .NET SDK 提供的抽象来使用 Dapr 服务调用 API，它提供了服务发现、重试逻辑以及基于标准协议（如 HTTP 和 gRPC 协议）的可靠通信。

在前两章中，我们虽然构建了一些 Dapr 服务的示例程序，但是没注意细节问题，而这正是本章要弥补的。如何通过 Dapr 访问服务？这将是本章的重点。

图 3.1 展示了访问某服务的请求及其响应路径的流程图，请求和响应均经过了 sidecar 里的 Dapr 运行时。在本地开发环境中，Dapr 运行时传递请求和响应的过程就是本地进程之间的简单交互，但是在 Kubernetes 中，这个过程在 sidecar 容器里完成（sidecar 容器的 Dapr 运行时由 Dapr 自动注入应用程序的每个 pod 中）。

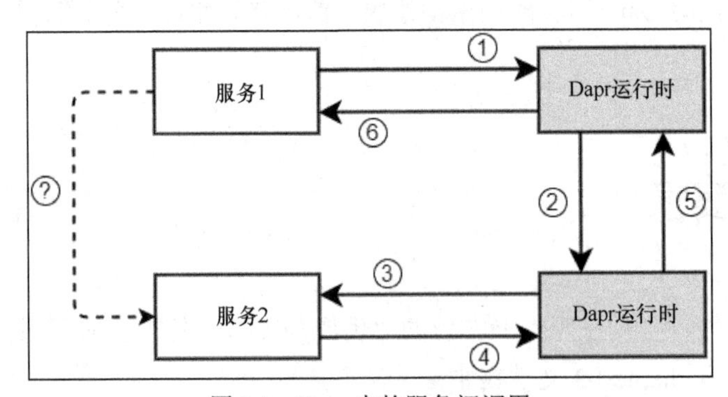

图 3.1　Dapr 中的服务间调用

如图 3.1 所示，服务间调用发生的事件如下：

1．一旦服务 1 发起一个意图到达服务 2 的调用，来自服务 1 的调用会到达本地 sidecar 上的 Dapr 运行时，Dapr 运行时将会发现服务 2 的地址；

2．服务 1 的 Dapr sidecar 上的 Dapr 运行时把请求转发给服务 2 的 Dapr sidecar；

3．服务 2 的 Dapr sidecar 在已经配置好的应用程序端口上调用服务 2；

4．服务 2 的 Dapr sidecar 收到从应用程序逻辑返回的结果；

5．服务 2 的 Dapr sidecar 将收到的结果返回给服务 1 的 Dapr sidecar；

6．服务 1 的 Dapr sidecar 将服务 2 返回的结果转发给服务 1。

接下来我们将通过一个新项目来探讨 Dapr 更加复杂的模式。

3.2.1　示例程序架构

为了更好地学习 Dapr 的概念，在本书中我们可以借助通用的主题来实践。在虚拟场景中实现一个架构不失为构建示例程序的一种好方法。

因此，我们引入了 Biscotti Brutti ma Buoni（意大利语：不好看但美味的饼干）架构。为了进一步探索 Dapr，是时候摆脱“Hello World”这类示例程序并转向一个虚构的电子商务场景。接下来我们将从不同的视角展示这个场景来说明 Dapr 的每一项能力。

附录 A 将进一步从微服务的视角讨论这个虚构的电子商务网站 Biscotti Brutti ma Buoni 的架构。

简言之，Biscotti Brutti ma Buoni 网站向消费者出售饼干，并提供自定义饼干定制的服务。由于饼干是全天候生产的，因此持续跟踪它们的工作效率很重要。希望这个场景可以帮助我们从实际的角度学习新的主题，并且让它们变得更容易理解和实现。

现在我们已经就示例程序的上下文达成一致意见，接下来开始学习如何在 ASP.NET 中实现 Dapr 服务。

3.2.2　服务间调用

作为虚构场景中的第一个示例程序，我们考虑这样一个订单系统，它的 API 能够接收一份带有商品和数量的完整订单。它的第一个目标是分配请求的商品，如果是新订单，就预订指定的数量，或者如果这个订单在初始提交之后进行了更新，就调整预订的数量。如图 3.2 所示，我们能够描述两个微服务——**order service**（订单服务）和 **reservation service**（预订服务）。

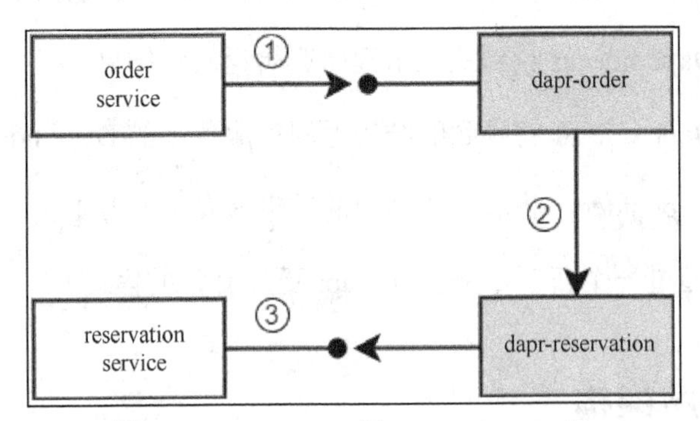

图 3.2　order service 和 reservation service

从跳出局部视角之外的用户来看，order service 接收一个新的或者更新的订单，它需要和 reservation service 交互，即另一个 Dapr 服务。具体步骤如下。

步骤 1：从 order service 发出一系列请求，该服务是一个基于 ASP.NET 的 Web API，请求是面向 Dapr 本地端点的调用，以下面的形式发送出去：

```
POST http://localhost:3500/v1.0/invoke/reservation/
method/reserveitem
```

Dapr 服务支持的 HTTP 方法有 POST、GET、DELETE 和 PUT。在这个例子中，我们用 POST 方法处理新订单并且用 PUT 方法处理更新的订单。在 Kubernetes 环境的 pod 中，Dapr sidecar 默认的端口是 3500，然而在本地开发环境中，每一个 sidecar 都必须使用不同的端口，我们通过访问名为 reservation 的 Dapr 服务来调用其 reserveitem 方法。

Dapr 服务和本地的 sidecar 之间的通信是通过 HTTP 或者 gRPC 进行的。

步骤 2：本地的 Dapr sidecar 识别出可以访问到 reservation service 的 Dapr sidecar 并且转发请求。

Dapr sidecar 之间不受开发者控制的通信是通过 gRPC 进行的，受到 mTLS 保护。

在一个Kubernetes托管的环境中，Dapr sidecar之间的通信可能穿越网络上不同的节点。

步骤3：reservation service的Dapr sidecar知道如何访问本地端口并将请求reserveitem路由给相应的服务。作为一个ASP.NET API，在Kubernetes pod中它很可能被Kestrel作为一个容器暴露在端口80，然而在本地开发环境中，我们必须使用不同的端口以避免冲突。调用的形式如下：

```
POST http://localhost:80/reserveitem
```

reservation service可以通过HTTP或者gRPC进行公开。

在介绍完通过Dapr与直接通过ASP.NET的端点访问服务的基础知识后，我们来看一看名称解析的工作原理。

3.2.3 名称解析

Dapr在Kubernetes的托管模式下依赖其名称解析，而在自托管模式下（例如在本地开发环境中）则依赖mDNS。

服务发现是一个模块，它能够使任何到达Dapr sidecar（进程或者容器）的请求识别目标服务对应的sidecar并且访问目标服务端点。

现在微服务集合已经正常工作。3.3节会重点关注.NET以及使用HTTP和gRPC协议进行服务调用的方法。

3.3 使用.NET SDK进行服务调用

理解Dapr .NET SDK是如何支持跨服务调用的最好方式是考察一个示例项目。

我们将要参考的步骤如下：

1．为order service创建一个项目；

2．在ASP.NET中配置Dapr；

3．通过 ASP.NET 控制器实现 Dapr；

4．为 reservation service 创建一个项目；

5．准备调试配置；

6．通过 ASP.NET 路由实现 Dapr。

我们将首先在解决方案中为第一个 Dapr 应用创建一个项目。

3.3.1　为 order service 创建一个项目

当为 Dapr 服务创建项目时，我们需要从 webapi 模板开始，命令如下：

```
PS C:\Repos\dapr-samples> cd .\chapter03\
PS C:\Repos\dapr-samples\chapter03> dotnet new webapi -o
sample.microservice.order
The template "ASP.NET Core Web API" was created successfully.

Processing post-creation actions...
Running 'dotnet restore' on C:\Repos\dapr-samples\chapter03\sample.
microservice.order\sample.microservice.order.csproj...
  Determining projects to restore...
  Restored C:\Repos\dapr-samples\chapter03\sample.microservice.order\
sample.microservice.order.csproj (in 214 ms).
Restore succeeded.
```

我们已经根据模板创建了项目。下一步，我们将配置 ASP.NET。

3.3.2　在 ASP.NET 中配置 Dapr

Dapr 通过 NuGet 为.NET 提供了一些库，比较相关的库如下：

- Dapr.AspNetCore；
- Dapr.Client。

通过下面的命令，可以把应用程序包添加到.NET 项目中：

```
PS C:\Repos\dapr-samples\chapter03\sample.microservice.order>
dotnet add package Dapr.AspNetCore --version 1.1.0
```

我们现在拥有一个全面支持 Dapr 的 ASP.NET 项目。接下来向 ASP.NET 控制器里增加 Dapr 相关的代码。

3.3.3 通过 ASP.NET 控制器实现 Dapr

我们可以创建一个 ASP.NET 控制器来支持 Dapr 应用的方法调用，代码如下：

```
using System;
using System.Threading.Tasks;
using Dapr.Client;
using Dapr;
using System.Net.Http;
using Microsoft.AspNetCore.Mvc;
using sample.microservice.order.Models;

namespace sample.microservice.order.Controllers
{
    [ApiController]
    public class OrderController : ControllerBase
    {
        [HttpPost("order")]
        public async Task<ActionResult<Guid>>
         SubmitOrder(Order order, [FromServices] DaprClient
         daprClient)
        {
            Console.WriteLine("Enter submit order");

            order.Id = Guid.NewGuid();

            foreach (var item in order.Items)
            {
                var data = new { sku = item.ProductCode,
                 quantity = item.Quantity };
```

```
                var result = await daprClient.InvokeMethodAsync<object,
                 dynamic>(HttpMethod.Post,
                 "reservation-service", "reserve", data);
                Console.WriteLine($"sku:
                  {result.GetProperty("sku")} === new
              quantity: {result.GetProperty("quantity")}");
            }

            Console.WriteLine($"Submitted order
             {order.Id}");
            return order.Id;
        }
    }
}
```

可以看到，在 SubmitOrder 方法的签名中，DaprClient 类型的参数已经通过 ASP.NET 注入；我们必须修改 Startup.cs 中的顺序，这是为了支持 Dapr 模块的依赖注入。

其中 daprClient 用于调用另外一个服务，同时它提供了代码访问其他 Dapr 模块的能力，比如发布/订阅和状态存储。

剩下的代码非常简单，没有重要的逻辑。需要特别指出的是，到目前为止示例程序没有存储任何状态。状态存储部分将会在第 4 章中介绍。

Dapr 的 order service 的 order 方法一旦被调用，它就会根据循环接收的有效负载来调用其他应用程序。

在 InvokeMethodAsync<object, dynamic>(HttpMethod.Post, “reservation-service”, “reserve”, data)中，reservation-service 是应用程序名称，reserve 是方法，而 data 是数据。请求的默认 HttpMethod 属性值是 HttpMethod.Post，这是因为发送的是一个 POST 请求，我们甚至可以避免这样配置代码。如果这是一个 GET 请求，那么这是必要的。

Dapr 的 order service 已经完成，接下来可以创建 reservation service 了。

3.3.4　为 reservation service 创建一个项目

我们现在可以把 order service 的项目加到解决方案中并且为 reservation service 创建

项目。我们同样也需要像前面项目做的那样引用相同的 Dapr SDK 包。准备好后就可以开始配置调试了。

3.3.5 准备调试配置

我参照第 2 章的调试说明，在 VS Code 中为两个 Dapr 应用的项目创建了一个组合的启动配置。在示例程序里，可以找到已正确配置的 launch.json 和 tasks.json。

这里也包含了 tye.yaml 配置。请注意在这个示例程序中，我们直接通过 Dapr CLI 来启动应用程序。

下一步，我们会开发第二个基于 ASP.NET 的 Dapr 服务。

3.3.6 通过 ASP.NET 路由实现 Dapr

在 ASP.NET 中，可以通过 attribute（属性）和 conventional（约定）路由来控制到达控制器的请求路由。或者你也可以使用把路由直接映射到应用程序的方法。

通过参照 ASP.NET 路由示例程序（参见 GitHub 网站上关于 AspNetCore 的页面）的 Dapr 文档里的方法，我们为 reservation service 初步草拟的方案如下：

```
using System;
using System.Text.Json;
using System.Threading.Tasks;
using Dapr.Client;
using Microsoft.AspNetCore.Builder;
using Microsoft.AspNetCore.Hosting;
using Microsoft.AspNetCore.Http;
using Microsoft.Extensions.Configuration;
using Microsoft.Extensions.DependencyInjection;
using Microsoft.Extensions.Hosting;

namespace sample.microservice.reservation
{
```

```
public class Startup
{
    public Startup(IConfiguration configuration)
    {
        Configuration = configuration;
    }

    public IConfiguration Configuration { get; }

    public void ConfigureServices(IServiceCollection services)
    {
        services.AddDaprClient();

        services.AddSingleton(new JsonSerializerOptions()
        {
            PropertyNamingPolicy = JsonNamingPolicy.CamelCase,
            PropertyNameCaseInsensitive = true,
        });
    }

    public void Configure(IApplicationBuilder app,
     IWebHostEnvironment env, JsonSerializerOptions
     serializerOptions)
    {
        if (env.IsDevelopment())
        {
            app.UseDeveloperExceptionPage();
        }

        app.UseRouting();

        app.UseEndpoints(endpoints =>
        {
            endpoints.MapPost("reserve", Reserve);
        });

…此处省略…
```

前面在介绍Startup.cs时涉及ASP.NET的配置和启动，也就是像你在以下代码中看到的，在相同的class和文件中配置了reserve路由并映射到Reserve的方法：

```
...此处省略...
                async Task Reserve(HttpContext context)
                {
                    Console.WriteLine("Enter Reservation");

                    var client = context.RequestServices.
                     GetRequiredService<DaprClient>();

                    ...此处省略...

                    context.Response.ContentType =
                     "application/json";
                    await JsonSerializer.SerializeAsync(
                     context.Response.Body, storedItem,
                     serializerOptions);
                }
            }
        }
}
```

现在我们准备好测试和调试新创建的项目了：它会正常工作吗？

这一次我们并不是通过VS Code启动这两个应用程序，而是会在分开的终端窗口中使用不同的Dapr CLI命令来启动，每一个命令会在对应的项目目录下执行。首先运行order-service程序，命令如下：

```
dapr run --app-id "order-service" --app-port "5001" --dapr-
grpc-port "50010" --dapr-http-port "5010" -- dotnet run
--urls="http://+:5001"
```

然后运行reservation-service程序，命令如下：

```
dapr run --app-id "reservation-service" --app-port "5002"
--dapr-grpc-port "50020" --dapr-http-port "5020" -- dotnet run
--urls="http://+:5002"
```

当工作在自托管模式下，由于是在开发环境中，因此我们需要小心地避免端口冲突。

虽然 Dapr CLI 的输出比较有趣，但也是非常繁杂的。为了简洁起见，下面的输出行表明 order service 已经成功启动并且准备好调用：

```
PS C:\Repos\dapr-samples\chapter03\sample.microservice.order>
dapr run --app-id "order-service" --app-port "5001" --dapr-
grpc-port "50010" --dapr-http-port "5010" -- dotnet run
--urls="http://+:5001"
Starting Dapr with id order-service. HTTP Port: 5010. gRPC
Port: 50010
...此处省略...
Updating metadata for app command: dotnet run
--urls=http://+:5001
You're up and running! Both Dapr and your app logs will appear here.
```

从 dapr list 的输出可以确认两个应用程序都已经启动并且运行，命令如下：

```
PS C:\WINDOWS\system32> dapr list
  APP ID                  HTTP PORT  GRPC PORT  APP PORT  COMMAND
AGE  CREATED                  PID
  order-service           5010       50010      5001      dotnet
run --urls...   6m   2022-03-12 15:31.05  23492
  reservation-service  5020       50020      5002      dotnet
run --urls...   4m   2022-03-12 15:32.09  28008
```

现在可以发布一个 JSON 数据到 Dapr URL http://localhost:5010/v1.0/invoke/order-service/method/order 并查看结果，然后在应用程序的每个终端窗口中查看日志。

当需要处理 JSON 数据的时候，我倾向于使用 Postman 或者具有更好体验的 VS Code REST Client 插件，尽管我并不使用 VS Code 进行调试。代码如下：

```
POST http://localhost:5010/v1.0/invoke/order-service/method/
order HTTP/1.1
content-type: application/json

{
```

```
  "Items": [
    {
      "ProductCode": "cookie1",
      "Quantity": 3
    },
    {
      "ProductCode": "ultimate-cookie5",
      "Quantity": 2
    }
  ]
}
```

从 order-service 这个 Dapr 应用接收到一个新的订单 ID：

```
HTTP/1.1 200 OK
Server: Kestrel
Date: Sat, 12 Mar 2022 07:50:22 GMT
Content-Type: application/json; charset=utf-8
Content-Length: 38
Traceparent: 00-e70c36c5acf86491038d48491dedc0c1-4670ef53703dea13-01
Connection: close

"d4724798-1086-42e5-a80b-37a1b5791138"
```

下面是 order-service 应用程序的输出：

```
== APP == Enter submit order
== APP == Submitted order d4724798-1086-42e5-a80b-37a1b5791138
```

是的，这就是我们新提交的订单 ID！

reservation-service 的输出如下：

```
== APP == Enter Reservation
== APP == Reservation of cookie1 is now -3
== APP == Enter Reservation
== APP == Reservation of ultimate-cookie5 is now -2
```

对于提交订单里的每一项，order-service 都调用一次 reservation-service 方法。

3.3.7　回顾

到目前为止，因为应用程序的状态都没有被持久化，所以状态的任何变化都是短暂的。然而，我们使用控制器和基本的路由方法成功地构建了两个 ASP.NET Dapr 服务，并且使用依赖注入的 DaprClient，通过 Dapr 在两个微服务之间建立了通信通道。

3.4 节将专门讨论 HTTP 和 gRPC 服务调用，这会让事情变得更加有趣且复杂。

3.4　Dapr 服务的 HTTP 和 gRPC 调用

gRPC 是一种高性能、开源、通用的 RPC（Remote Procedure Call，远程过程调用）框架，由于其高效性，它在微服务通信领域变得非常流行。gRPC 利用 HTTP/2 作为传输协议并且采用 Protobuf 二进制序列化格式。

> **注意：**
>
> 关于如何在 Dapr 中实现 gRPC 服务的文档和博客文章有很多，如来自.NET 文档的关于 gRPC 的文章“Tutorial: Create a gRPC client and server in ASP.NET Core”和来自 Dapr 文档（与.NET 不相关）的关于 gRPC 的文章“How-To: Configure Dapr to use gRPC”。

gRPC 是云原生计算基金会（Cloud Native Computing Foundation，CNCF）孵化的一个项目。

3.4.1　在 ASP.NET 中使用 gRPC

在 ASP.NET 中，由于通常使用 HTTP 和 JSON 的组合来调用 Web API，这就导致我们倾向于认为这个组合是 Web API 唯一的传输和格式选择。

随着 gRPC 的普及以及 ASP.NET 中可用的 gRPC 特性越来越多，我们可以把它看作是 Web API 传输协议的替代方案：gRPC 要求使用以 Protobuf 格式序列化的 HTTP/2。

在.NET 的上下文里，微软官方网站上的文章“Compare gRPC services with HTTP APIs”从不同的视角解释了 HTTP 和 gRPC 的区别。

3.4.2 微服务的自治

对于本章构建的示例程序，我们将会尝试使用 gRPC 公开 reservation service，同时在通信的最后一个环节上通过 reservation-service 应用程序的 Dapr sidecar 使用 gRPC 通信。另外，我们还将拷贝 order-service 并修改它的源代码，以便使用 Protobuf payload 来编写请求。具体步骤如下：

1. 创建一个新的 reservation service，它由 gRPC 公开；
2. 创建 proto 文件；
3. 配置项目；
4. 实现必要的服务范围；
5. 创建并修改 order service，以便使用 gRPC 和 Protobuf；
6. 通过 gRPC 将 reservation-service 注册为 Dapr 应用；
7. 使用改进的 reservation service 测试 order service。

如果我们成功地改变了一个服务的实现及其与 Dapr 交互的方式，也就可以展示 Dapr 是如何简化自治的微服务的构建过程——因为它们可以在单独演化时不影响其他任何微服务。

创建 reservation-service

首先，使用下面的命令创建一个新的带 gRPC 模板的.NET 项目：

```
dotnet new grpc -o sample.microservice.reservation-grpc
```

这个项目在我们示例程序的工作区域中已经准备就绪。

创建 proto 文件

我们需要描述消息是如何在 Protobuf 里格式化并通过 gRPC 交换的，正如在文件\Protos\data.proto 里的那样：

```
syntax = "proto3";
option csharp_namespace = "sample.microservice.reservation_
grpc.Generated";
message Item {
string SKU = 1;
int32 Quantity = 2;
}
```

Dapr 的.NET SDK 已经包括自动生成的 proto 客户端。

配置项目

为了支持 gRPC，我们应该使用如下命令来引用一些指定的包：

```
dotnet add package Grpc.Net.Client
dotnet add package Google.Protobuf
dotnet add package Grpc.Tools
dotnet add package Google.Api.CommonProtos
```

和其他 Dapr 应用一样，我们同样需要用下面的命令来引用 Dapr 的 ASP.NET 包：

```
dotnet add package Dapr.AspNetCore
```

最后，我们引用之前创建的 proto 文件。加入项目文件中的配置片段如下：

```
<ItemGroup>
    <Protobuf Include="Protos\*.proto" ProtoRoot="Protos"
GrpcServices="None" />
</ItemGroup>
```

项目已经正确地配置了包和 proto 文件。

服务实现

在 Startup.cs 文件中，gRPC 服务有一些不同之处，代码如下：

```
using Microsoft.AspNetCore.Builder;
using Microsoft.AspNetCore.Hosting;
using Microsoft.AspNetCore.Http;
using Microsoft.Extensions.DependencyInjection;
using Microsoft.Extensions.Hosting;

namespace sample.microservice.reservation_grpc
{
    public class Startup
    {
        public void ConfigureServices(IServiceCollection services)
        {
            services.AddGrpc();

            services.AddDaprClient();
        }

        public void Configure(IApplicationBuilder app,
          IWebHostEnvironment env)
        {
            if (env.IsDevelopment())
            {
                app.UseDeveloperExceptionPage();
            }

            app.UseRouting();

            app.UseEndpoints(endpoints =>
            {
                endpoints.MapGrpcService<ReservationService
                  >();

                endpoints.MapGet("/", async context =>
                {
                    await context.Response.WriteAsync
                    ("Communication with gRPC endpoints
                     must be made through a gRPC client. To
```

```
                    learn how to create a client, visit:
        https://go.microsoft.com/fwlink/?linkid=2086909");
                });
            });
        }
    }
}
```

ASP.NET 支持 gRPC 的方式和路由的方式是相似的。

特定于 Dapr 服务的 gRPC 实现如下：

```
using System;
using System.Threading.Tasks;
using Dapr.AppCallback.Autogen.Grpc.v1;
using Dapr.Client;
using Dapr.Client.Autogen.Grpc.v1;
using Google.Protobuf.WellKnownTypes;
using Grpc.Core;
using Microsoft.Extensions.Logging;

namespace sample.microservice.reservation_grpc
{
    public class ReservationService : AppCallback.AppCallbackBase
    {
        private readonly ILogger<ReservationService> _logger;
        private readonly DaprClient _daprClient;

        public ReservationService(DaprClient daprClient,
          ILogger<ReservationService> logger)
        {
            _daprClient = daprClient;
            _logger = logger;
        }

        public override async Task<InvokeResponse> OnInvoke
         (InvokeRequest request, ServerCallContext context)
        {
```

```
            Console.WriteLine($"Method {request.Method}");

            var response = new InvokeResponse();
            switch (request.Method)
            {
                case "reserve":
                    var input = request.Data.Unpack<Generated.Item>();
                    var output = await Task.FromResult
                     <Generated.Item>(new Generated.Item()
             {SKU=input.SKU, Quantity = - input.Quantity});

                    response.Data = Any.Pack(output);
                    break;
                default:
                    Console.WriteLine("Method not supported");
                    break;
            }
            return response;
        }

        public override Task<ListInputBindingsResponse>
          ListInputBindings(Empty request,
          ServerCallContext context)
        {
            return Task.FromResult(new ListInputBindingsResponse());
        }

        public override Task<ListTopicSubscriptionsResponse
          > ListTopicSubscriptions(Empty request,
           ServerCallContext context)
        {
            return Task.FromResult(new
             ListTopicSubscriptionsResponse());
        }
    }
}
```

ReservationService 类继承了服务端 Dapr.AppCallback.Autogen.Grpc.v1.AppCallback.AppCallbackBase 基类并且实现了必要的方法。

我们通过非常简单的代码（你应该使用 Mediator[①]模式来编写更优雅的代码）实现了 OnInvoke(InvokeRequest request, ServerCallContext context)方法并且返回了一个 InvokeResponse 类型。

创建 order-service 的副本

我们想要使用 Dapr 客户端中的 gRPC 方法并且向新的 reservation service 应用程序传递 Protobuf 数据，而不是 JSON。

一种选择是修改现有的 order service 应用程序的实现。我倾向于在工作区域中创建 sample.microservice.order 项目的副本，并重命名为 sample.microservice.order-grpc-client。

由于这个项目使用了很多 gRPC 包，因此我们应该使用与 sample.microservice.order 同样的配置。sample.microservice.order-grpc-client.csproj 项目文件中的一个代码片段如下：

```
<ItemGroup>
     <Protobuf Include="..\sample.microservice.reservation-
grpc\Protos\*.proto" ProtoRoot="..\sample.microservice.
reservation-grpc\Protos\" GrpcServices="None" />
  </ItemGroup>

...此处省略...

  <ItemGroup>
    <PackageReference Include="Google.Protobuf" Version="3.15.8" />
    <PackageReference Include="Google.Api.CommonProtos"
      Version="2.3.0" />
    <PackageReference Include="Grpc.Tools"
      Version="2.37.0" PrivateAssets="all" />
  </ItemGroup>
```

为了使用 DaprClient 提供的 gRPC 方法，需要将 OrderController.cs 的代码按照如下

① Mediator，中介者模式，用一个中介对象来封装一系列的对象交互，中介者使各对象不需要显式地相互引用，从而使其耦合松散，而且可以独立地改变彼此之间的交互。中介者模式又称为调停者模式，它是一种对象行为型模式。——译者注

内容进行修改：

```
[HttpPost("order")]
public async Task<ActionResult<Guid>> SubmitOrder(Order order,
[FromServices] DaprClient daprClient)
     {
          Console.WriteLine("Enter submit order");

          order.Id = Guid.NewGuid();

          foreach (var item in order.Items)
          {
               var data = new sample.microservice.
                 reservation_grpc.Generated.Item()
                 { SKU = item.ProductCode,
                 Quantity = item.Quantity };
               var result = await daprClient.
                 InvokeMethodGrpcAsync<sample.microservice.
                 reservation_grpc.Generated.Item,
                 sample.microservice.reservation_grpc.
                 Generated.Item>("reservation-service",
                 "reserve", data);
              Console.WriteLine($"sku: {result.SKU} ===
               new quantity: {result.Quantity}");
          }

          Console.WriteLine($"Submitted order {order.Id}");

          return order.Id;
     }
}
```

客户端代码已经准备好调用 daprClient.InvokeMethodGrpcAsync 方法，此方法通过 Dapr 基础设施与 gRPC 协议交换服务之间的 Protobuf 数据。

集成测试

为了把服务作为一个 Dapr 应用启动，我们必须改变使用 Dapr CLI 的方式，命令如下：

```
PS C:\Repos\dapr-samples\chapter03\sample.microservice.
reservation-grpc> dapr run --app-id "reservation-service"
--app-port "3000" --app-protocol grpc --dapr-grpc-port "50020"
-- dotnet run --urls="http://+:3000"
Starting Dapr with id reservation-service. HTTP Port: 64398.
gRPC Port: 50020
...此处省略...
Updating metadata for app command: dotnet run --urls=http://+:3000
You're up and running! Both Dapr and your app logs will appear here.

== APP == info: Microsoft.Hosting.Lifetime[0]
== APP ==       Now listening on: http://[::]:3000
== APP == info: Microsoft.Hosting.Lifetime[0]
== APP ==       Application started. Press Ctrl+C to shut down.
== APP == info: Microsoft.Hosting.Lifetime[0]
== APP ==       Hosting environment: Development
== APP == info: Microsoft.Hosting.Lifetime[0]
== APP ==       Content root path: C:\Repos\dapr-samples\chapter03\
sample.microservice.reservation-grpc
== APP == info: Microsoft.AspNetCore.Hosting.Diagnostics[1]
== APP ==       Request starting HTTP/2 POST http://127.0.0.1:3000/dapr.
proto.runtime.v1.AppCallback/ListTopicSubscriptions application/grpc -
== APP == info: Microsoft.AspNetCore.Routing.EndpointMiddleware[0]
== APP ==       Executing endpoint 'gRPC - /dapr.proto.runtime.v1.
AppCallback/ListTopicSubscriptions'
== APP == info: Microsoft.AspNetCore.Routing.EndpointMiddleware[1]
== APP ==       Executed endpoint 'gRPC - /dapr.proto.runtime.v1.
AppCallback/ListTopicSubscriptions'
== APP == info: Microsoft.AspNetCore.Hosting.Diagnostics[2]
== APP ==       Request finished HTTP/2 POST http://127.0.0.1:3000/
dapr.proto.runtime.v1.AppCallback/ListTopicSubscriptions application/
grpc - - 200 - application/grpc 455.3796ms
```

在命令 dapr run --app-id "reservation-service" --app-port "3000" --app-protocol grpc --dapr-grpc-port "50020" -- dotnet run --urls="http://+:3000 中，我们使用--app-protocol 参数指定 Dapr 通过 gRPC 和服务交互。

我们可以使用如下命令启动修改后的 order-service：

```
PS C:\Repos\dapr-samples\chapter03\sample.microservice.ordergrpc-client>
dapr run --app-id "order-service" --app-port "5001" --dapr-grpc-port
"50010" --dapr-http-port "5010" -- dotnet run --urls="http://+:5001"
```

由于 order-service 使用了来自 Dapr .NET SDK 的 DaprClient，因此它会在每个步骤中使用 gRPC 访问演化后的 reservation-service。

3.4.3　通过 gRPC 降低延迟

在这种场景下，我们需要思考如果服务间的调用全部采用 gRPC 的方式来降低延迟，会带来怎样的影响。

图 3.3 描绘了在大量请求的情况下这些小的优势是如何显著地减少延迟的。

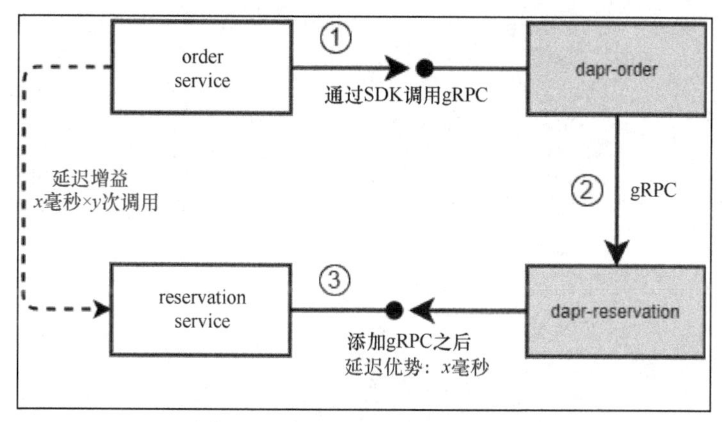

图 3.3　基于 gRPC 的服务间调用

讨论 gRPC 的优势和劣势不是本章的目标，说服你把微服务作为 gRPC 服务暴露给 Dapr 也不是本章的目标。考虑到 Dapr 已经因使用 gRPC 获得节点之间延迟的优势，我的观点是，在大多数情况下，在 ASP.NET Web API 中使用 HTTP+JSON 的方式带来了生产力优势，在最后一站通过 gRPC 克服了边际延迟。

在第 4 章中，通过处理明摆着的难题（即如何在 Dapr 里管理状态），我们会更加深入地挖掘微服务的范式。

3.5 小结

本章介绍了 Dapr 最关键的构建块——服务间调用。

首先，我们学习了在配置一个 ASP.NET 项目时如何使用 Dapr 特定的参数装饰控制器中的方法，以及在 Dapr 服务中如何与其他服务进行交互。

最后，我们讨论了在 Dapr 环境中更加复杂的 gRPC 服务机制。

你可能注意到示例程序微服务还没有持久化状态。在第 4 章中，我们将会探索如何使用 Dapr 的状态管理构建块。

第 4 章 状态管理

服务和 actor 的状态管理是 Dapr 的核心部分。本章会介绍 Dapr 是如何使用不同类型的存储来管理服务的状态。

本章涵盖的主题如下：

- Dapr 状态管理；
- 电子商务网站的有状态服务；
- 基于 Azure Cosmos DB 的状态存储。

在我们正在构建的 Dapr 应用中，大多数服务和 actor 都会将数据持久化为状态。

状态可以是请求的状态，我们可以保存它以便在后续复杂的交互中作为附加信息返回，它也可以是被服务管理的中心化储存信息，比如库存商品的数量等。

无论是使用 Dapr 从零构建的云原生解决方案，还是在已有解决方案中添加基于 Dapr 的新服务，状态管理都是同等重要的。

接下来开始介绍状态管理的一些概念。

4.1 技术要求

示例程序的代码可以按照本书的“资源与支持”的说明去下载。本节的示例程序的代码在压缩包的 chapter04 文件夹中。

在本章中，脚本和代码文件统一存放在目录<repository path>\chapter04\中。我的本地目录是 C:\Repos\dapr-samples\chapter04。

请参考 1.4 节配置开发 Dapr 并运行示例程序需要的工具。

4.2　Dapr 状态管理

在微服务架构中，状态指的是微服务运行时所需的所有上下文相关的信息。在本节，我们将会学习状态是如何被管理的以及 Dapr 如何实现状态管理。

4.2.1　服务的状态——无状态和有状态

状态被管理的方式决定了微服务是**有状态的**（微服务自己负责状态的持久化）还是**无状态的**（状态不在微服务的管理职责范围内）。

购物车微服务便是一个有状态微服务的例子：它需要能够将商品清单存储在一个中心位置（比如数据库），这样用户就可以在不同的设备间切换的同时不影响购物体验。购物车微服务的设计可以将状态保存在主机/节点的内存中，然后在负载均衡器层执行策略将所有后续交互从客户端路由到原始节点。

那么在云服务上采取上述设计是一个好的方案吗？显然不是。在现代系统架构中，为了更好地支持弹性伸缩，主机节点应该是一种可伸缩的资源，任意节点的宕机不应该影响到整体的功能服务。

无状态微服务有一个很好的例子：机器学习模型的 API 服务会接收一系列输入参数并返回预测结果。显然，面向业务活动的微服务更加依赖状态。因为微服务应该能方便地扩展至多个节点，以及从进程或者主机宕机中恢复，所以在外部存储状态变得越来越重要，比如通过数据库即服务（Database as a Service），以摆脱架构中难以解决的状态问题。购物车微服务还可以采用无状态方式，将状态持久保存在外部存储中。

得益于 Dapr 提供的可靠的状态存储 API，每一个使用 Dapr 运行时构建的微服务都可以设计为无状态服务，因为 Dapr 能够将状态保存在外部独立的、可配置的状态存储中。

4.2.2 Dapr 中的状态存储

状态存储由 Dapr 的状态组件实现。该组件提供了可靠的存储接口。

在当前 Dapr 的项目中，官方以及社区提供了很多的状态存储的实现，包括[①]：

- Azure Cosmos DB；
- Azure Table Storage；
- Azure SQL Server；
- AWS DynamoDB；
- Memcached；
- MongoDB；
- Redis；
- Cassandra；
- PostgreSQL。

Dapr 的开放特性和可扩展能力允许任何一方（Dapr 官方、使用方、云厂商集成方等）实现状态存储。我们可以在 GitHub 网站关于 Dapr 的页面中找到 Dapr 项目中所有的状态存储组件。

在同一个 Dapr 运行时中可以配置多个状态存储，并以键值对（JSON 可序列化）的形式对状态进行增删查改。

在本地开发环境中，Dapr 默认配置 Redis 的状态组件。它指向 dapr init 初始化时部署的 Redis 容器。

根据数据库或者服务的能力，不同的状态管理组件可能会提供不同的特性。我们将从事务的支持这一特性开始讨论。

① 翻译本书时，除列表中的状态存储以外，Dapr 还支持的状态存储包括 Aerospike、Apache Cassandra、Cloudstate、Couchbase、Hashicorp Consul、Hazelcast、Memcached、MySQL、RethinkDB、Zookeeper、GCP Firestore、Azure Blob Storage。——译者注

4.2.3　事务

Dapr 状态存储组件可以通过实现 TransactionalStore 接口在事务上下文中协调数据库的查询，这些查询由应用程序与 Dapr 状态管理构建块的交互产生。

截止到本书发稿时，只有如下的 Dapr 数据源支持事务：

- Azure Cosmos DB；
- SQL Server；
- MongoDB；
- Redis；
- PostgreSQL。

Dapr 的 actor 模型的一个特殊场景需要事务的支持，具体内容请参考 7.4 节。

4.2.4　并发性

Dapr 能够让开发者通过 **ETag** 来控制状态操作中的并发。ETag 是用于定义资源版本的元数据。在本例中，它是 Dapr 状态管理中的一个键值对。

如果应用程序读取的状态信息包含 ETag，那么它能够在后续的更新请求中仍包含该 ETag，以防止在这期间由于状态更新而被覆盖。如果 Dapr 发现接收的更新请求的 ETag 与原存储组件中的不匹配，那么会拒绝该操作，因为不会覆盖先写的操作（即启用乐观锁，first-write-wins）。

使用 Dapr 的 C# sdk 进行状态管理的时候，ETag 被自动、透明地管理起来。如果在状态变更请求中没有提供 ETag，那么后续的请求会简单覆盖前面的操作（即启用无乐观锁，last-write-wins）。

如果你预料到某服务会有并发请求的场景，那么通过 ETag，我们能够避免错误地覆盖状态。

4.2.5 一致性

状态变更请求的一致性也可以由应用程序控制。如果选择了最终一致性（这是默认的），一旦底层状态存储组件确认了写操作，Dapr 就会立即认为状态已经改变成功；如果应用程序需要强一致性，Dapr 会等待状态组件在所有的存储副本上完成写操作。

并不是所有的状态存储都同时支持最终一致性和强一致性模式，但是 Azure Cosmos DB 支持两种模型。读者可以通过微软官方网站上的文章“Consistency levels in Azure Cosmos DB”了解更多关于一致性模型对性能的影响。

通过控制一致性，你的应用程序代码可以为每个操作指定检索和持久化状态的风险与收益。

4.2.6 与状态存储的交互

应用程序可以通过 http://localhost:<daprPort>/v1.0/state/<storename>/<key> 发起 HTTP 调用并与 Dapr 的 sidecar 进行交互，或者直接使用 SDK。

图 4.1 描述了应用程序和 Dapr sidecar 之间的交互，它受状态组件配置的影响。

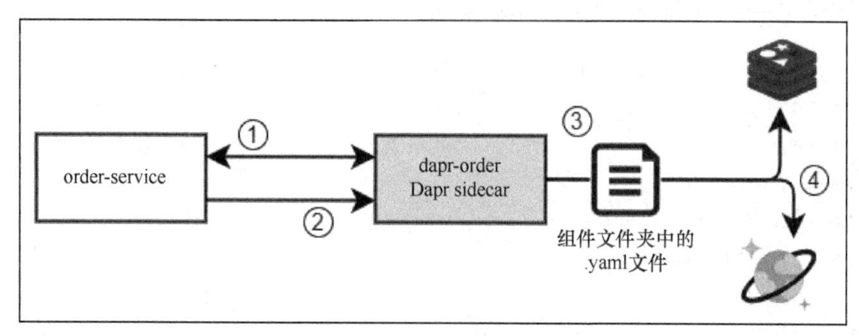

图 4.1 Dapr 中的状态存储

图 4.1 描述了 Dapr 的状态操作的交互步骤。详细的步骤如下。

步骤 1：应用程序通过调用本地 URL 访问 Dapr sidecar 来获取状态，例如使用请求 GET

http://localhost: <daprPort>/v1.0/state/shoppingcart/43。

步骤 2：应用程序通过发送 POST 请求来更新 Dapr 的状态，例如使用 http://localhost: <daprPort>/v1.0/state/shoppingcart/43。应用程序也可以发送 DELETE 请求来删除对应的状态数据。

步骤 3：通过组件文件夹下的.yaml 文件或者将.yaml 文件应用于 Kubernetes，Dapr 应用可以发现并使用该状态组件。

在本示例中，为了适应请求，我们需要配置一个名为 shoppingcart 的组件。

步骤 4：当在本地部署时，Dapr 可以使用自带的本地 Redis 容器；当在 Kubernetes 中部署时，Dapr 可以使用外部的状态服务如 Azure Cosmos DB。我们需要做的仅仅是修改组件的.yaml 文件即可。

在所有的状态存储中，状态的 key 都使用同样的格式，即将应用程序 ID 和状态的 key 进行组合：<App ID>||<state key>。因此，在上述示例中，购物车微服务在 Redis 或者 Cosmos DB 中持久化记录的 key 都是 shoppingcart||43。

通常建议在微服务架构中分别存储状态和数据。然而，在使用这种 key 的方法后，通过 Dapr 可以在不同的应用程序中使用相同的状态存储，而不用担心键冲突。shoppingcart 应用程序中的 ID 43 和 order 应用程序中的 ID 43 在存储的状态中会有不同的 key。

使用本地的 Redis 的组件.yaml 配置文件如下：

```
apiVersion: dapr.io/v1alpha1
kind: Component
metadata:
  name: statestore
spec:
  type: state.redis
  version: v1
  metadata:
  - name: redisHost
    value: localhost:6379
  - name: redisPassword
    value: ""
```

这个.yaml 文件定义了一个类型为 state.redis 的组件，用于连接本地的 Redis 实例。

4.3 节将专门介绍如何使用 Dapr 组织通用电子商务网站的有状态服务。

4.3 电子商务网站的有状态服务

接着前面内容介绍的订单预订场景，本节将着重介绍 Dapr 应用程序状态的持久化。

图 4.2 展示了微服务间的状态管理中的数据变更流程。

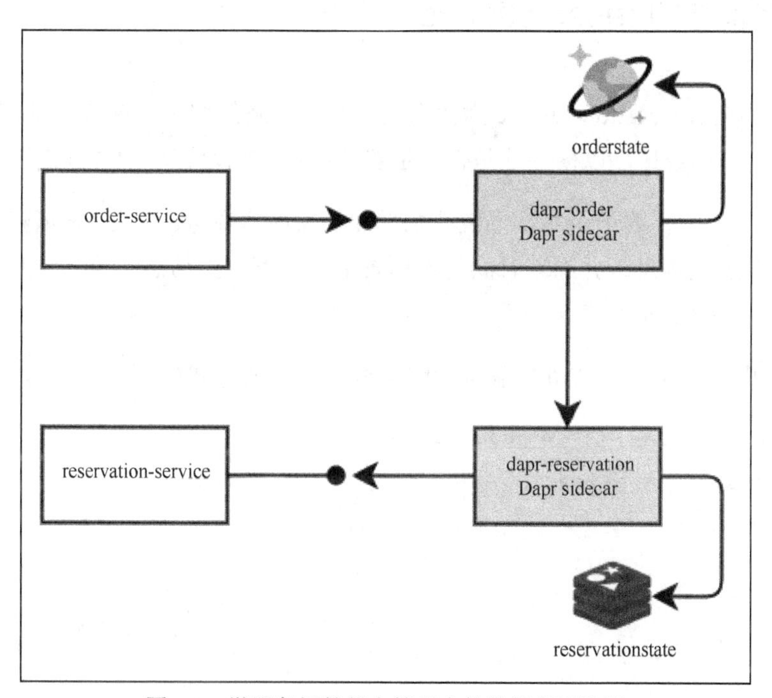

图 4.2 微服务间的状态管理中的数据变更流程

在图 4.2 中，Dapr 的 reservation-service 使用 Redis 作为状态存储，order-service 使用 Azure Cosmos DB 作为状态存储。

用于支持 order-service 和 reservation-service 这两个 Dapr 应用的项目结构如下：

- sample.microservice.dto.order；
- sample.microservice.order；
- sample.microservice.dto.reservation；
- sample.microservice.reservation。

我决定使用**数据传输对象**（Data Transfer Object，DTO）库：服务客户端可以使用该库与服务本身进行交互，与用于保持状态的对象分开。这只是众多的方法之一。

我们会从实现 reservation-service 的状态管理开始讲解。

4.3.1 有状态的 reservation-service

Dapr 应用的 reservation-service 为什么是一个有状态的服务？简单来说，应用程序需要跟踪物品的库存数量，以便评估是否有足够的余量来满足订单中的预定请求。

order-service 不需要记录每次预定请求后的物品库存数量。相反，它依赖 reservation-service 来管理这些信息，并随着时间的推移安全地保存这些信息，这通常是人们期望一个有状态的服务做到的事情。

我们希望客户端与 ASP.NET 服务的端点进行交互的方式如下：

```
POST http://localhost:5002/reserve HTTP/1.1
content-type: application/json

{
    "SKU": "cookie2",
    "Quantity": 2
}

###
GET http://localhost:5002/balance/cookie2 HTTP/1.1
```

在上述代码中，通过调用/reserve 方法可以接收预定数量并返回预定后的库存数量信息。如果我们直接调用/balance/<sku>方法，也会返回同样的库存数量信息。

4.3.2 在 ASP.NET 控制器中处理 Dapr 状态

DaprClient 类抽象了与 sidecar 暴露的 API 端点的交互，以便代码可以访问 Dapr 运行时。

通过依赖注入，控制器方法可以拥有一个类的实例。基于.AddDapr，我们只需要在 startup.cs 文件中添加 ConfigureServices 方法即可，代码如下：

```
public void ConfigureServices(IServiceCollection
 services)
{
    services.AddControllers().AddDapr();
    services.AddSingleton(new
       JsonSerializerOptions()
    {
        PropertyNamingPolicy =
         JsonNamingPolicy.CamelCase,
        PropertyNameCaseInsensitive = true,
    });
}
```

在下面的代码中可以看到 daprClient 是如何访问状态、服务以及消息的。

可以在 ReservationController.cs 中看到如下代码：

```
using System;
using System.Threading.Tasks;
using System.Collections.Generic;
using Dapr;
using Dapr.Client;
using Microsoft.AspNetCore.Mvc;
using sample.microservice.dto.reservation;
using sample.microservice.state.reservation;

namespace sample.microservice.reservation.Controllers
{
```

```
[ApiController]
public class ReservationController : ControllerBase
{
    public const string StoreName = "reservationstore";
    [HttpPost("reserve")]
    public async Task<ActionResult<Item>>
     Reserve(Item reservation, [FromServices]
     DaprClient daprClient)
    {
        Console.WriteLine("Enter item reservation");

        var state = await daprClient.GetStateEntryAsync
         <ItemState>(StoreName, reservation.SKU);
        state.Value ??= new ItemState() { SKU =
         reservation.SKU, Changes = new
         List<ItemReservation>() };
        // update balance
        state.Value.BalanceQuantity -=
          reservation.Quantity;
        // record change
        ItemReservation change = new ItemReservation()
         { SKU = reservation.SKU, Quantity =
          reservation.Quantity, ReservedOn =
          DateTime.UtcNow };
        state.Value.Changes.Add(change);
        if (state.Value.Changes.Count > 10)
         state.Value.Changes.RemoveAt(0);
        await state.SaveAsync();
        // return current balance
        var result = new Item() {SKU = state.Value.SKU,
         Quantity= state.Value.BalanceQuantity};
        Console.WriteLine($"Reservation of {result.SKU}
         is now {result.Quantity}");
        return result;
    }
```

上述代码有一个[HttpPost("reserve")]的属性，它能够指示 Dapr 运行时通过 POST 请求调用 ASP.NET 控制器。

在异步方法 Reserve 的签名中，它返回的结果类型是 Task<ActionResult<Item>>，其中 Item 是一个数据传输对象，这种方法的输入参数也是一个数据传输对象。

在这种方法的代码中，状态请求是到 Dapr sidecar 的一个异步调用——await daprClient.GetStateEntryAsync(StoreName, reservation.SKU)。两个输入参数分别是配置的状态存储组件的名称和键。

ReservationController.cs 的 GET 方法实现中有一些微小的区别：

```
        [HttpGet("balance/{state}")]
        public ActionResult<Item>
         Get([FromState(StoreName)]StateEntry<ItemState>
           state)
        {
            Console.WriteLine("Enter item retrieval");

            if (state.Value == null)
            {
                return this.NotFound();
            }
            var result = new Item() {SKU = state.Value.SKU,
             Quantity= state.Value.BalanceQuantity};
            Console.WriteLine($"Retrieved {result.SKU} is
             {result.Quantity}");
            return result;
        }
    }
}
```

[HttpGet("balance/{state}")] 的属性表明针对此路径的 GET 请求会路由到此方法中，它会返回 ActionResult<Item>类型的数据，其中 Item 是一个数据传输对象。

上述代码通过 StateEntry<ItemState>的属性[FromState(StoreName)] state 隐式地向 Dapr 请求状态，根据 balance/{state}传入的值，从状态存储中检索类型为 StateEntry 的实例中包含的类型为 ItemState 的值的状态。

有时可能请求的 key 并没有对应的状态数据，这种情况可以通过检查 state 来判断。在上述代码中，如果属性 Value 是 null，那么最终会返回调用方 NotFound。

下面的示例能够直接访问 ASP.NET 服务的端点，并返回数据传输对象序列化后的结果：

```
GET http://localhost:5002/balance/cookie2 HTTP/1.1
{ "sku": "cookie2", "quantity": 52 }
```

下面是请求到 Dapr 状态存储组件端点的代码：

```
GET http://localhost:5020/v1.0/state/reservationstore/cookie2HTTP/1.1
```

到目前为止，reservation-service 使用的 reservationstore 是一个指向本地 Redis 容器的状态组件，我们只需要改变组件的定义配置，就能切换到另一个完全不同的存储选项。

到目前为止，我们已经学习了如何使用 DaprClient 在 Dapr 应用中管理状态以及如何配置状态存储。

在 4.4 节中，我们将使用 Azure Cosmos DB 作为状态存储组件，并从 Dapr 的视角来验证相应的实现。

4.4 基于 Azure Cosmos DB 的状态存储

在本节中，我们不再使用本地的 Redis 存储，而是借助 Dapr 支持的另外一个状态存储——**Azure Cosmos DB**——一个全球分布式的、多模型的数据库服务。

可以通过如下步骤关联并使用新的状态存储：

1. 创建 Azure Cosmos DB；
2. 配置状态存储；
3. 测试状态存储；
4. Azure Cosmos DB 分片；
5. 补充。

应用 reservation-store 的代码不会产生任何改变，我们只需要更改状态管理组件的配置即可。

我们将从 Azure Cosmos DB 的创建过程开始介绍。

4.4.1　创建 Azure Cosmos DB

在 Azure 上创建 Azure Cosmos DB 实例的教程，可以参考微软官方网站上的文章“Manage an Azure Cosmos account using the Azure portal”。

Dapr 网站上另一篇关于使用 Cosmos DB 的文章“Azure Cosmos DB”同样值得一看。

我创建了一个 Azure Cosmos DB 的账户以及一个名为 state 的数据库，然后创建了两个 Cosmos DB 容器，一个用于 reservation-service 的状态存储，另一个用于 order-service 的状态存储，如图 4.3 所示。

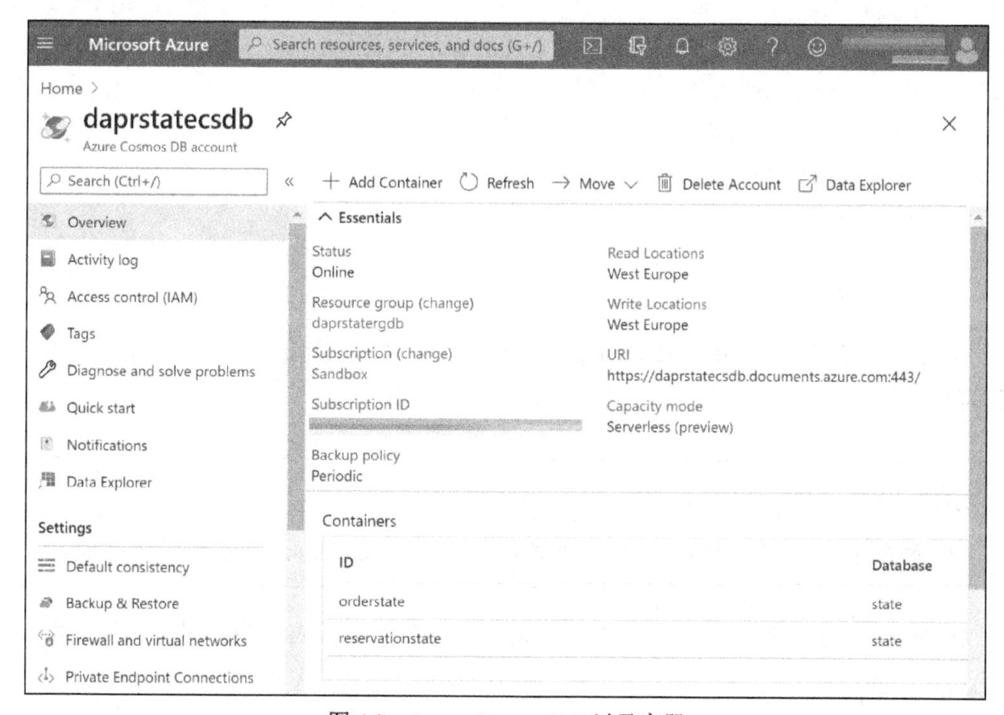

图 4.3　Azure Cosmos DB 以及容器

我使用的 Azure Cosmos DB 无服务器选项仅仅在使用时才计费（对没有持续流量的

长尾应用来说，这是最好的选项）。

我们现在可以开始配置状态存储组件了。

4.4.2　配置状态存储

与使用 Redis 相比，使用 Azure Cosmos DB 的 Dapr 组件稍微有些不同，如下：

```
apiVersion: dapr.io/v1alpha1
kind: Component
metadata:
  name: orderstore
spec:
  type: state.azure.cosmosdb
  metadata:
  - name: url
    value: https://daprstatecsdb.documents.azure.com:443/
  - name: masterKey
    value: <omitted>
  - name: database
    value: state
  - name: collection
    value: orderstate
```

在这个配置文件中，url、database、collection 必须和创建的 Azure Cosmos DB 资源相匹配。

> **重要提示：**
>
> 尽量不要把密码密钥明文写到配置文件中，推荐使用 Dapr 的密码管理功能。

在 dapr run 的启动流程中，我们可以查找状态存储配置成功的证据。以下为冗长的输出日志中的一部分：

```
PS C:\Repos\dapr-samples\chapter04> dapr run --app-id "order-service"
--app-port "5001" --dapr-grpc-port "50010" --dapr-http-port "5010"
```

```
--components-path "./components" -- dotnetrun --project ./sample.
microservice.order/sample.microservice.order.csproj --urls="http://+:5001"
```

下面是对应的输出：

```
Starting Dapr with id order-service. HTTP Port: 5010. gRPC
Port: 50010
== DAPR == time="2020-09-19T11:06:22.6356595+02:00" level=infomsg=
"starting Dapr Runtime -- version 0.10.0 -- commit 6032dc2"app_id=
order-service instance=DB-SURFACEBOOK2 scope=dapr.runtime type=log
ver=0.10.0
== DAPR == time="2020-09-19T11:06:22.6356595+02:00" level=infomsg=
"log level set to: info" app_id=order-service instance=DB-SURFACEBOOK2
scope=dapr.runtime type=log ver=0.10.0
…
== DAPR == time="2020-09-19T11:06:22.6536489+02:00" level=infomsg=
"found component reservationstore (state.azure.cosmosdb)"app_id=order-
service instance=DB-SURFACEBOOK2 scope=dapr.
runtime type=log ver=0.10.0
== DAPR == time="2020-09-19T11:06:22.6536489+02:00" level=infomsg=
"found component orderstore (state.azure.cosmosdb)" app_id=order-
service instance=DB-SURFACEBOOK2 scope=dapr.runtimetype=log ver=0.10.0
```

我在运行命令时指定--components-path 为目录./components，Dapr 运行时会在这个目录中寻找并加载.yaml 文件定义的组件。

输出的日志显示 reservationstore（state.azure.cosmosdb）和 orderstore（state.azure.cosmosdb）状态存储已经正确配置并加载。

为了避免歧义，order-service 服务将使用 orderstore 状态存储，reservation- service 会使用 reservationstore 状态存储，它们的.yaml 文件位于同一目录下。

图 4.4 描述了 reservation-service 的状态存储从 Redis 切换为 Azure Cosmos DB 的透明无感知的变化过程。

至此我们已经将 Azure Cosmos DB 配置为状态存储，并且验证 Dapr 可以成功地加载该组件，现在是时候对它进行测试了。

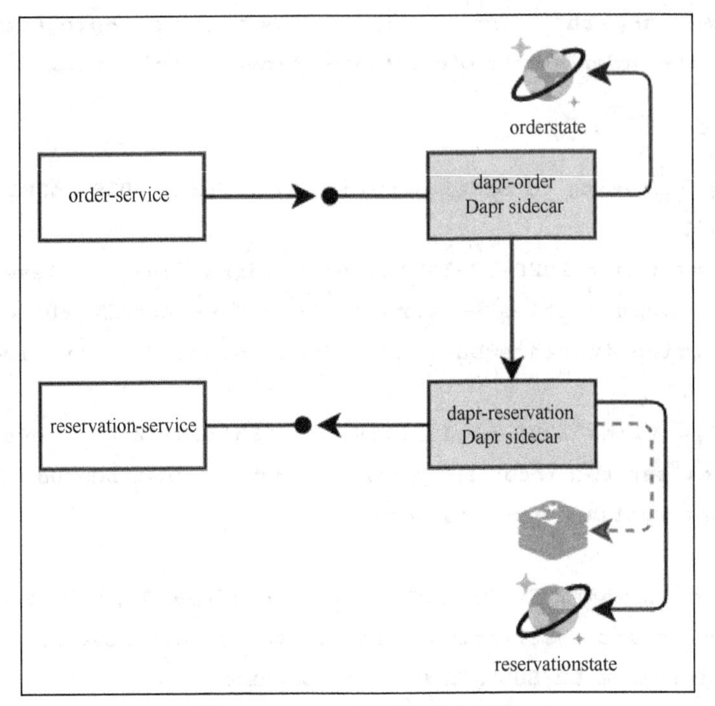

图 4.4　Dapr 可配置的状态存储

4.4.3　测试状态存储

现在 order-service 和 reservation-service 已经处于运行状态并且状态存储已经完成配置，现在可以开始测试服务并了解数据是如何持久化到 Azure Cosmos DB 的。

发送 POST 请求到 order-service 的 ASP.NET 端点，这样会将新的数据持久化到状态存储中，并调用 reservation-service。具体过程如下：

```
POST http://localhost:5001/order HTTP/1.1
content-type: application/json
{
  "CustomerCode": "Davide",
  "Date": "2020-09-19T08:47:53.1224585Z",
  "Items": [
    {
```

```
        "ProductCode": "cookie4",
        "Quantity": 7
      },
      {
        "ProductCode": "bussola1",
        "Quantity": 6
      }
    ]
  }
```

下面的 GET 请求会调用 order-service 的 ASP.NET 端点，并且最终调用 Dapr 的状态 API：

```
GET http://localhost:5001/order/08ec11cc-7591-4702-bb4d-
7e86787b64fe
GET http://localhost:5010/v1.0/state/orderstore/08ec11cc-7591-
4702-bb4d-7e86787b64fe
```

因为 Dapr 应用依赖.NET SDK 来获取以及保存状态，所以通过与 Dapr API 交互直接检查持久化后的数据通常会很高效。

我们可以在 Azure Cosmos DB 中查看持久化后的数据，如图 4.5 所示。

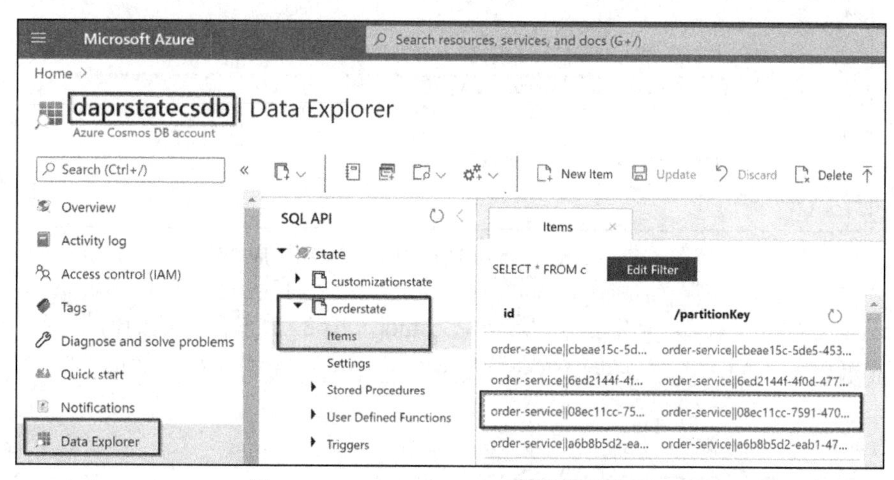

图 4.5 Azure Cosmos DB 的数据浏览器

在图 4.5 中，我们可以通过以下步骤查看 Dapr 持久化后的数据：

1. 单击导航栏中的 **Data Explorer**；

2. 选择数据库以及相应的容器；

3. 浏览对应的数据；

4. 检查包含 Dapr 状态信息的内容。

如图 4.6 所示，状态数据被持久化为 JSON 格式，value 字段则包含了主要的数据，ID 是 Dapr 状态数据的 key，格式为<application Id>||<state key>。

```
1  {
2      "id": "order-service||08ec11cc-7591-4702-bb4d-7e86787b64fe",
3      "value": {
4          "CreatedOn": "2020-09-19T12:28:19.2450723Z",
5          "UpdatedOn": "2020-09-19T12:28:19.2451555Z",
6          "Order": {
7              "Date": "2020-09-19T08:47:53.1224585Z",
8              "Id": "08ec11cc-7591-4702-bb4d-7e86787b64fe",
9              "CustomerCode": "Davide",
10             "Items": [
11                 {
12                     "ProductCode": "cookie4",
13                     "Quantity": 7
14                 },
15                 {
16                     "ProductCode": "bussola1",
17                     "Quantity": 6
18                 }
19             ]
20         }
21     },
22     "partitionKey": "order-service||08ec11cc-7591-4702-bb4d-7e86787b64fe",
23     "_rid": "h+ETAOzuFXEMAAAAAAAAAA==",
24     "_self": "dbs/h+ETAA==/colls/h+ETAOzuFXE=/docs/h+ETAOzuFXEMAAAAAAAAAA==/",
25     "_etag": "\"18006115-0000-0d00-0000-5f65f9630000\"",
26     "_attachments": "attachments/",
27     "_ts": 1600518499
28 }
```

图 4.6　Azure Cosmos DB 数据浏览器中的内容

我们已经学习了在 Dapr 中基于 Azure Cosmos DB 的状态存储是如何将应用的状态持久化到数据库中的，接下来我们将研究 key 和记录的分布是如何关联的。

4.4.4　Azure Cosmos DB 分片

分片的特性使得 Azure Cosmos DB 可以对数据库中的每一个容器进行扩容，这是由于 item 会以分片的 key 进行分组，并最终散布在不同的物理分片中。这是为了提高性能，同时也是 Azure Cosmos DB 融入的最重要的概念之一。

在 Azure Cosmos DB 容器中会默认将 Dapr 状态的 key 用作 partitionKey。由于 Dapr 的状态 API 总是通过 key 来读写数据，因此在大多数情况下这是一个很好的选择。

如果需要改变 partitionKey 的值，可以在与 Dapr 的状态 API 交互时在 metadata 中进行参数设置。例如下面的代码：

```
var metadata = new Dictionary<string,string>();
metadata.Add("partitionKey","something_else");
await state.SaveAsync(metadata: metadata);
```

如果想修改 order-service 的 Dapr 应用以采用不同的分片方案，那么在 Azure Cosmos DB 中储存的记录会变成如下：

```
{
    "id": "order-service||f5a34876-2737-4e8f-aba5-
002a4e1ab0cc",
    "value": {
        "CreatedOn": "2020-09-19T11:15:20.7463172Z",
        "UpdatedOn": "2020-09-19T11:15:20.746392Z",
        "Order": {
            "Date": "2020-09-19T08:47:53.1224585Z",
            "Id": "f5a34876-2737-4e8f-aba5-002a4e1ab0cc",
            "CustomerCode": "Davide",
            "Items": [
                {
                    "ProductCode": "cookie4",
                    "Quantity": 7
                },
                {
                    "ProductCode": "bussola1",
                    "Quantity": 6
                }
            ]
```

```
            }
        },
        "partitionKey": "something_else",
        "_rid": "h+ETAOzuFXELAAAAAAAAAA==",
        "_self": "dbs/h+ETAA==/colls/h+ETAOzuFXE=/docs/
h+ETAOzuFXELAAAAAAAAAA==/",
        "_etag": "\"1800590c-0000-0d00-0000-5f65e8480000\"",
        "_attachments": "attachments/",
        "_ts": 1600514120
    }
```

在上述的代码中，我们可以看到"partitionKey": "something_else"以及"id": "order-service||f5a34876-2737-4e8faba5-002a4e1ab0cc"，这说明在 SaveAsync 的方法中 metadata 的参数成功地改变了分片的 key。

在大多数情况下，默认的分片方式已经足够，而且现在你也应该知道如何对它进行设置了。

使用 Azure Cosmos DB 作为 Dapr 的状态存储并不妨碍我们在其他的场景使用它，我们将会继续学习。

4.4.5　补充

我们已经证明，Dapr 基本不会影响存储在状态存储中的数据。除键值对以外，payload 与其他 JSON 文档一样，是不变的并且可用的。

这就引发了额外的场景需求，如何搜索提交到 order-service 的订单，并且判断订单中 ProductCode 是否包含指定内容？这并不是通过 Dapr 运行时进行搜索就可以得到的信息，比如：

```
SELECT c.id FROM c WHERE ARRAY_CONTAINS(c["value"]["Order"].
Items, {"ProductCode": "bussola2"}, true)
```

上述查询会在 order-service 使用的状态存储的容器中执行，最终返回如下的记录列表：

```
[
    {
        "id": "order-service||bbc1f16a-c7e3-48c3-91fb-
b2175acfc299"
    },
    {
        "id": "order-service||91705574-df80-4844-af5f-
66877c436e9b"
    },
    {
        "id": "order-service||ac1e173e-fe4e-476f-b6f6-
e9615a49f47b"
    }
]
```

Dapr应用有一种方法能够通过.NET SDK直接对Azure Cosmos DB实例执行查询，并从ID中获取状态的key。正如前面介绍的，由于Dapr状态的key是由<App ID>||<state key>组成的，因此可以得到上述查询结果的订单ID为bbc1f16a-c7e3- 48c3-91fb-b2175acfc299、91705574-df80-4844-af5f-66877c436e9b和ac1e173e-fe4e-476f-b6f6-e9615a49f47b，它们就是要查找的包含指定ProductCode内容的订单。

这不是我们通过Dapr运行时的API查询就可以获得的信息。

任何在Dapr的状态API职责范围之外的需求，都可以通过与Azure Cosmos DB（在目前的这种场景下）直接交互实现。

我们应该避免任何外部的状态操作，但是目前并没有机制来阻止这样的操作。

我们现在已经学习了把强大的数据库Azure Cosmos DB作为Dapr的状态存储教程。

4.5　小结

在本章中，我们介绍了Dapr提供的状态管理API以及ASP.NET服务如何通过.NET SDK来使用状态管理API。

Dapr 在配置和修改状态存储方面为开发者和操作者提供了更多的灵活性。

通过测试 Dapr 本地 Redis 以及云端 Azure Cosmos DB 的状态存储，我们证明了把有状态的微服务的状态转移到外部，以及将一种持久化的技术切换为另一种技术是多么得简单。

在第 5 章中，我们将讨论 Dapr 应用之间的一种灵活且可扩展的通信方式。

第 5 章
发布/订阅

发布/订阅（publish/subscribe，简写为 pub/sub）是 Dapr 支持的一种消息设计模式，用来解耦微服务之间的交互。

在本章中，你将了解基于 pub/sub 设计模式的好处，并学习如何在 Dapr 应用中使用该设计模式。

本章涵盖的主题如下：

- 在 Dapr 中使用 pub/sub 设计模式；
- 在 Dapr 中使用 Azure Service Bus（ASB）；
- 实现 saga 设计模式。

在我们开始了解 Dapr 的 pub/sub 设计模式的实现细节前，有必要先概括性地了解这个设计模式。

5.1 技术要求

示例程序的代码可以按照本书的“资源与支持”的说明去下载。本节的示例程序的代码在压缩包的 chapter05 文件夹中。

在本章中，脚本和代码文件统一存放在目录<repository path>\chapter05\中。我的本地目录是 C:\Repos\dapr-samples\chapter05。

请参考 1.4 节配置开发 Dapr 和运行示例程序需要的工具。

5.2　在 Dapr 中使用 pub/sub 设计模式

在微服务架构中，pub/sub 设计模式得到广泛应用，以方便在应用程序的不同模块间创建解耦的通信信道。

消息/事件的发布者（publisher）并不知道哪些微服务将在何时消费（consume）这些消息。

这种模式的订阅者（subscriber）是指微服务通过订阅一组特定的信息类型（用更准确的术语来说是主题）来表达它对某些以消息/事件形式共享的信息的兴趣（需要注意的是，它不需要消费全部的信息流，它可以从完整信息中提取相关内容）。

从类似的角度看，订阅者也不知道发布者的位置和状态，如图 5.1 所示。

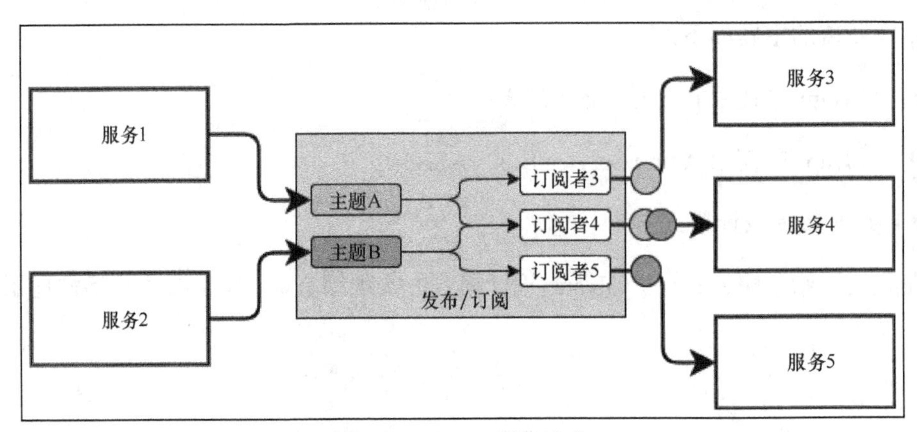

图 5.1　pub/sub 设计模式

在图 5.1 中可以看到 pub/sub 设计模式的实际作用：服务发布特定主题的消息——这可能是其他订阅了一个或多个主题的服务所感兴趣的。

随着时间推移，更多的订阅者可能会加入，但对发布者没有影响。

更多时候 pub/sub 设计模式与 service-to-service 调用设计对比是不同的：前者在请求和处理之间提供了时间和空间上的分离，而后者提供了可预计的交互和返回时间。

有了 pub/sub 设计模式，实现请求/回答的闭环变得更加复杂了，因为这个设计模式并不是面向交互的设计，相反，这个设计模式允许每个微服务按照自己的节奏运行，独立地扩容并自主地进化发展。

在服务间交互中，微服务彼此非常了解，因为它们不仅在有效载荷模式上，而且在 API 上共享协议（或合约），并致力于维持组件的最快速度。保持如此紧密耦合带来的好处是，由于没有中间设备，因此互动更简单，请求/响应周期更短。

在对 pub/sub 设计模式的讨论中，消除消息和事件两种概念之间的歧义可能是有帮助的：它们都定义了系统间共享的信息，但消息一般是传递请求，用于在其他地方继续处理数据，而事件则是带来信息说明一些事情已经发生，针对这些事情可以做出反应。

我们一起看如下饼干售卖电子商务网站的例子。

- 事件的例子可以是一个来自客户的信号，表示客户正在访问电子商务网站或查看他们的购物车的过期时间。
- 消息的例子可以是一个补偿某种行为的请求。例如，为了避免订单受到从一个微服务发送到另一个微服务的影响，以前都是通过直接服务调用，虽然是异步的但是非常快。

除概念和用例不同以外，Dapr 的发布/订阅构建块同时支持消息和事件。

pub/sub 设计模式中的一个重要角色是消息系统，它负责消息的摄取、安全存储和消费，并通过标准协议与发布者和订阅者交互。

消息系统的责任外化是微服务架构的通用模式，无论是被托管的软件包还是由大多数主流云服务提供商提供的消息系统。

Dapr 目前支持与下列消息系统进行集成：

- Azure Service Bus（ASB）；
- Azure Event Hubs；
- NATS（Neural Autonomic Transport System）；
- Kafka；
- Google Cloud Platform（GCP）Pub/Sub；

- MQTT（Message Queuing Telemetry Transport）；
- RabbitMQ；
- Redis Streams；
- Hazelcast。

默认配置下，Dapr 使用 Redis 的发布/订阅组件，在自托管模式下 Redis 也作为默认的状态存储。

作为可插拔的运行时，Dapr 允许同一个应用程序配置多个发布/订阅组件。

Dapr 应用或客户端可以通过 Dapr API 与发布/订阅组件交互：通过配置名为<pubsubname>的组件，发送一个简单的 POST 请求 http://localhost:<daprPort>/v1.0/publish/ <pubsubname>/<topic>到由 sidecar 暴露的 Dapr 本地服务端点，将数据发布到与订阅相同主题的其他 Dapr 应用，主题名为<topic>。

除 Dapr API 以外，Dapr .NET **SDK** 通过抽象与 API 的交互来简化消息的发布，同时也简化了主题的订阅与消息的接收。

向订阅的 Dapr 应用传送消息必须保证至少发生一次：运行时处理了消息系统所有的复杂性和细节问题，不需要依赖额外的库，并保证消息会被至少一次送达任一 Dapr 应用，主动使用 HTTP 结果代码 200 回复 Dapr API，或者不会引发异常。

Dapr 中的至少一次（at-least-once）送达机制会使应用程序产生相互竞争的消费者：与订阅主题相关的消息会在特定 Dapr 应用所有的运行示例中拆分。另外，请注意，如果你的代码需要确保一个消息只被处理一次，那么你必须在代码中增加去重逻辑。

我们已经通过 pub/sub 设计模式学习了 Dapr 中消息传递的基本概念。在 5.3 节中，我们将 Azure Service Bus 作为云消息中间件与 Dapr 结合使用。

5.3　在 Dapr 中使用 Azure Service Bus

为了介绍 Dapr 的发布/订阅构建块与 Azure Service Bus 的实践，我们将使用 C#开发一个包含若干.NET 微服务交互的原型程序。

在图 5.2 中，我们让 order-service 与 reservation-service 通过调用 service-to-service 进行交互，与 shipping-service（送货服务）通过发布/订阅构建块交互，这就是我们将要开发的部分。

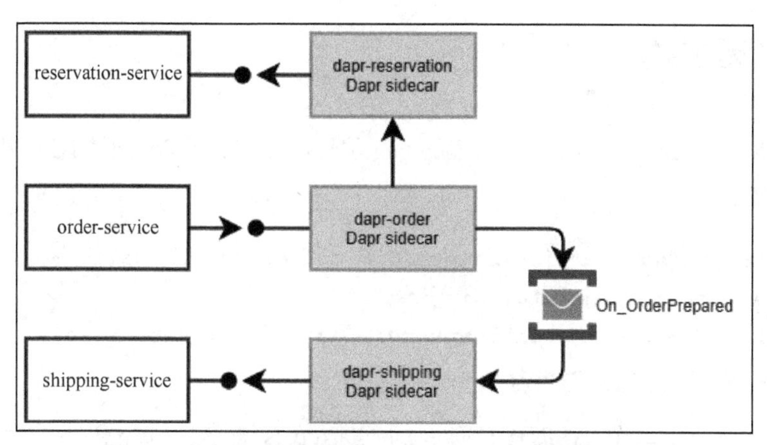

图 5.2　在 Dapr 中使用 Azure Service Bus 进行发布/订阅

在 chapter05 文件夹中，你会找到很多项目。现在我们将重点放在 order-service（sample.microservice.order）和 shipping-service（sample.microservice.shipping）上。

> **重要提示：**
>
> **项目和解决方案**
>
> 我将由若干个 C#项目组合成的解决方案作为示例程序。该示例程序包含多个数据传输对象（DTO）的项目和一个通用的常量库等，服务和客户端项目都对其进行了引用。
>
> 我意在将这些资源整合成便于使用的形式：两个微服务同时使用了 JSON 格式在不同部分之间交换数据，并避免使用 DTO 和引用。

要实现 pub/sub 设计模式，首先应完成如下工作：

- 订阅主题；
- 配置发布/订阅组件；
- 发布到主题；

● 检查消息。

第一步是实现 Dapr 服务并订阅 pub/sub 主题。

5.3.1　订阅主题

首先我创建了 sample.microservice.shipping 项目，然后通过 dotnet **CLI** 引用了 DTO 项目，命令如下：

```
PS C:\Repos\dapr-samples\chapter05> dotnet new classlib -o
"sample.microservice.dto.shipping"
PS C:\Repos\dapr-samples\chapter05> dotnet new webapi -o
"sample.microservice.shipping"
```

我们先检查一下这个 ASP.NET 项目的 Startup.cs 配置，如下代码所示，它在支持 pub/sub 设计模式方面有一些不同之处：

```
        public void Configure(IApplicationBuilder app,
IWebHostEnvironment env)
        {
            if (env.IsDevelopment())
            {
                app.UseDeveloperExceptionPage();
            }
            app.UseRouting();
            app.UseCloudEvents();
            app.UseAuthorization();
            app.UseEndpoints(endpoints =>
            {
                endpoints.MapSubscribeHandler();
                endpoints.MapControllers();
            });
        }
```

Configure 方法有两处主要的改动，具体如下。

● 针对 endpoints.MapSubscribeHandler()的调用注册了一个端点，在 sidecar 中的 Dapr

运行时将会调用此端点来获取微服务订阅的主题。如果没有这行声明，我们将无法收到来自 Dapr 的消息。

- 我们通过 app.UseCloudEvents 来使用 Content-Type applicaiton/cloudevents+json 支持请求，以便可以直接访问 CloudEvents 的 payload 信息。

现在我们将继续装饰 ASP.NET 控制器以订阅 Dapr 的 pub/sub 主题。示例程序 sample.microservice.shipping 中 ShippingController.cs 的方法签名如下：

```
namespace sample.microservice.shipping.Controllers
{
    [ApiController]
    public class ShippingController : ControllerBase
    {
        public const string StoreName = "shippingstore";
        public const string PubSub = "commonpubsub";
        [Topic(PubSub, Topics.OrderPreparedTopicName)]
        [HttpPost("ship")]
        public async Task<ActionResult<Guid>> ship(
         Shipment orderShipment, [FromServices] DaprClient
         daprClient)
        {
            Console.WriteLine("Enter shipment start");

            var state = await daprClient.GetStateEntryAsync
              <ShippingState>(StoreName,
               orderShipment.OrderId.ToString());
            state.Value ??= new ShippingState() {OrderId =
             orderShipment.OrderId, ShipmentId =
             Guid.NewGuid() };
            await state.SaveAsync();
            var result = state.Value.ShipmentId;
            Console.WriteLine($"Shipment of orderId
             {orderShipment.OrderId} completed with id
              {result}");
            return New OkResult();
        }
```

```
        }
    }
```

在上述代码中，通过使用[Topic(<pubsub component>, <topic name>)]属性装饰方法，指定 Dapr 订阅一个发布/订阅组件中的主题，并在消息到达时调用该方法。

在发布消息前，我们需要配置 Dapr。

5.3.2　配置发布/订阅组件

我们的目标是配置一个 Dapr 组件来支持发布/订阅构建块。

首先，我们需要一个外部的消息系统——可以使用 Dapr 提供的 Redis stream 来实现。

不同的是，我们将创建一个 Azure Service Bus 命名空间，并在 Dapr 中使用它，因为它有很多优点。

在开发示例程序的阶段，选择在自托管模式下运行。从第 8 章开始，我们将使用 Dapr 的 Kubernetes 模式：减少 Dapr 模式的改动范围同时保持组件不变可以帮助我们专注于相关的事情。此外，在 Kubernetes 中保持 Redis 为可靠的消息存储的工作意义重大，但其不在本书的讨论范围内。

微软官方网站上的文章"What is Azure Service Bus?"对 Azure Service Bus 的定义是："Azure Service Bus 是一个完全托管的企业集成消息中间件。Azure Service Bus 可以解耦应用和服务。Azure Service Bus 为数据和状态的异步传输提供了一个安全可靠的平台。"

微软官方网站上的文章"Create a Service Bus namespace using the Azure portal"提供了一个关于如何创建 Azure Service Bus 命名空间的详细指导。该文章还包含如何获取我们接下来要使用的连接字符串的相关内容。

作为开发者（或操作者），我们不负责规定 Azure Service Bus 主题和订阅，也不负责提供部署脚本，Dapr 将会动态地处理应用程序发布的主题以及相关的订阅。

我们在\components 文件夹中创建一个 pubsub.yaml 文件，文件中的内容如下：

```
apiVersion: dapr.io/v1alpha1
kind: Component
```

```
metadata:
  name: commonpubsub
  namespace: default
spec:
  type: pubsub.azure.servicebus
  metadata:
  - name: connectionString
    value: …此处省略…
```

每个 Dapr 组件都有自己的元数据配置。Dapr 网站上的文章“How to: Publish a message and subscribe to a topic”提供了关于 pubsub.azure.servicebus 组件类型的更多细节。

那么我们如何知道服务正确地注册了对这个主题的订阅？启动 shipping-service 后，Dapr 的输出如下：

```
PS C:\Repos\dapr-samples\chapter05> dapr run --app-id
"shipping-service" --app-port "5005" --dapr-grpc-port "50050"
--dapr-http-port "5050" --components-path "./components" --
dotnet run --project ./sample.microservice.shipping/sample.
microservice.shipping.csproj --urls="http://+:5005"
Starting Dapr with id shipping-service. HTTP Port: 5050. gRPC
Port: 50050
…此处省略…
== DAPR == time="2020-09-26T19:25:40.7256112+02:00" level=info
msg="found component commonpubsub (pubsub.azure.servicebus)"
app_id=shipping-service instance=DB-XYZ scope=dapr.runtime
type=log ver=0.10.0
…此处省略…
Updating metadata for app command: dotnet run --project ./
sample.microservice.shipping/sample.microservice.shipping.
csproj --urls=http://+:5005
You're up and running! Both Dapr and your app logs will appear here.
```

从 Dapr 的输出可以看到，commonpubsub（pubsub.azure.servicebuss）组件已经被发现并启动。

我们定义了一个发布/订阅组件和一个订阅者，现在 Azure Service Bus 消息系统发生了什么？我们先来看看图 5.3。

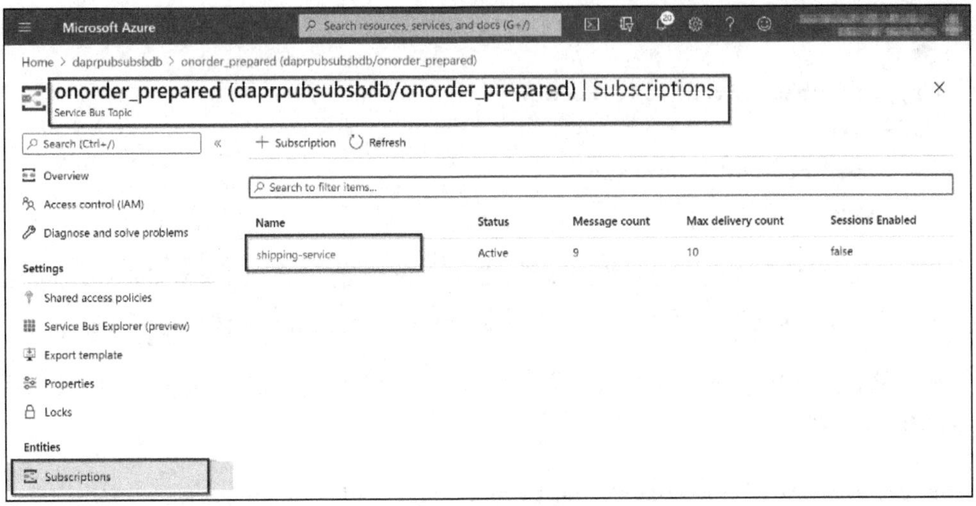

图 5.3　Azure Service Bus 主题订阅

在图 5.3 中，可以看到，Dapr 在 Azure Service Bus 命名空间下创建了一个名为 onorder_prepared 的主题以及一个名为 shipping-service 的订阅。

下一步是学习如何在 Dapr 中发布消息到一个 pub/sub 主题。

5.3.3　发布到主题

任何 Dapr 应用都可以通过 SDK 或 Dapr CLI 调用 Dapr 运行时来访问 HTTP API。

Dapr CLI 的工作过程如下：

```
dapr publish --publish-app-id shipping-service --pubsub
commonpubsub -t OnOrder_Prepared -d '{\"OrderId\": \"6271e8f3-
f99f-4e03-98f7-6f136dbb8de8\"}'
```

命令 dapr publish 允许我们通过发布/订阅组件发送数据到一个主题。现在要验证消息是否已被接收。

在 shipping-service 的终端窗口中，可以看到消息已经被接收并处理，具体如下：

```
== APP == Enter shipment start
== APP == Shipment of orderId 6271e8f3-f99f-4e03-98f7-
6f136dbb8de8 completed with id 53c3cc5c-0193-412b-97e9-
f82f3e0d2f80
```

从服务输出中可以发现，pub/sub 设计模式已经如预期的那样开始起作用，但我们如何检查消息呢？

5.3.4 检查消息

通过命令 dapr publish，你应该很快就会意识到在你的开发环境和 Azure 云之间增加的延迟对人类来说是很短暂的：发送的每个消息都被 Dapr 微服务及时接收了。

发布者和订阅者能够独立运转是 pub/sub 设计模式中一个重要的益处。我们将利用这点来加速针对 Dapr 的学习过程。

只要其他 Dapr 应用运行在本地开发环境中，就可以成功发布消息，即便你终止运行 Dapr 应用 shipping-service。

在 shipping-service 订阅者应用不活跃的情况下，我们可以通过 Dapr CLI 发布将一些消息入队，并有机会检查它们。

通过在 Azure 门户使用 Azure Service Bus 的 Service Bus Explore 功能，我们可以查看在订阅中是否有等待中的消息，如图 5.4 所示。

在图 5.4 中，我们会获取此订阅中的若干消息。通过 Peek 功能，我们可以在消息未被阅读的情况下对其进行检查；通过选中消息，我们可以访问 payload。

通过检查持久化到订阅者的消息，我们可以看到 CloudEvents 格式的使用方式，内容如下：

```
{
    "id": "4e2f90d0-56ec-4939-badf-9ffd034199cd",
    "source": "console",
    "type": "com.dapr.event.sent",
    "specversion": "1.0",
    "datacontenttype": "application/json",
```

```
        "data": {
            "OrderId": "08ec11cc-7591-4702-bb4d-7e86787b64fe"
        },
        "subject": "00-1f0f371b9b52924fbc5772d328c40af5-f8abbfbf1fbc0a42-01",
        "topic": "OnOrder_Prepared",
        "pubsubname": "commonpubsub"
    }
```

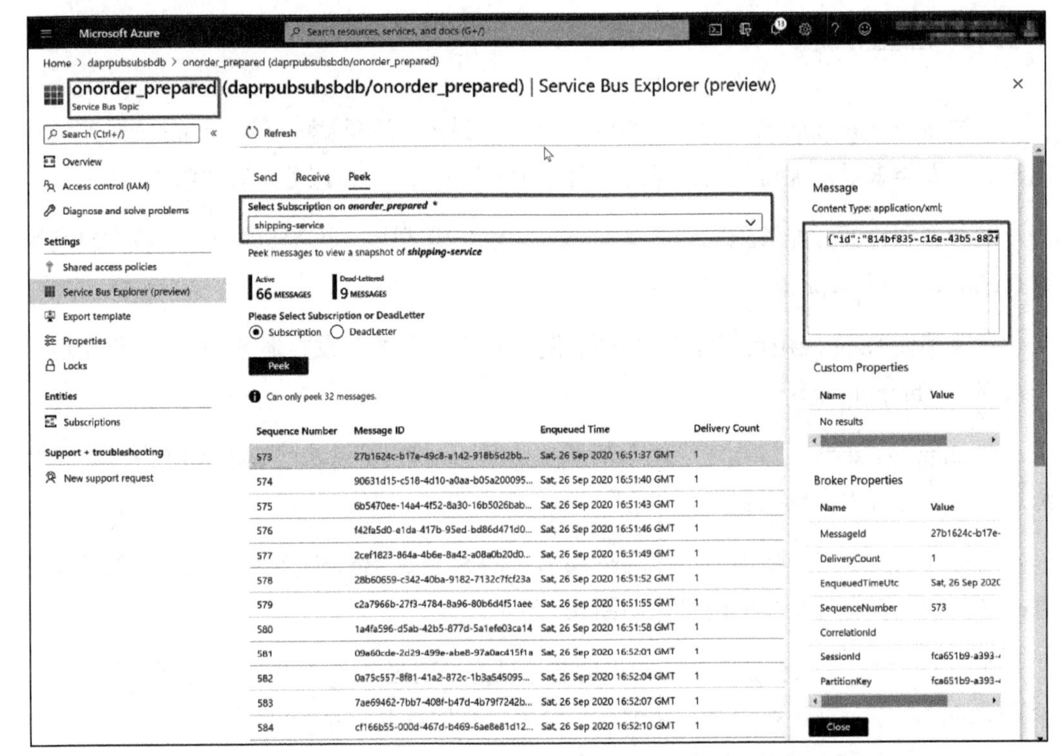

图 5.4　Service Bus Explorer 中关于 Dapr 服务订阅的界面

通过命令 dapr publish 发布的信息在消息 payload 的 data 字段中。由于我们在 Startup.cs 中进行了改动，所以我们的代码只能处理 CloudEvents payload 的相关部分。

CloudEvents 是一个用来描述事件数据的云原生计算基础（CNCF）标准，它被 Dapr 采用，将通过 pub/sub 设计模式交换的消息进行格式化。

现在我们有了关于使用 Dapr 的发布/订阅组件的初步经验：与 service-to-service 调用

不同的是，我们依赖外部的消息系统如 Azure Service Bus，通过发布关于某主题的消息与 Dapr 应用交互。

在 5.4 节中，我们将利用 Dapr 的发布/订阅构建块来实现更复杂的模式。

5.4 实现 saga 设计模式

我们已经学习了 Dapr 中的 pub/sub 设计模式是如何实现的，接下来将利用这些知识构建一个更复杂的场景——使用 saga 设计模式实现一个电子商务订单系统。

详细讨论 saga 设计模式的相关细节的权威资料有很多，推荐阅读微软官方网站上的文章“Saga distributed transactions pattern”和 vasters 网站上的文章“Sagas”。

在微服务架构中，一个业务行为（如处理订单）可能会被分割为更小的任务，并由一系列相交互的微服务处理。

尽管单个微服务通过隔离其状态具有很多好处，但这种自治的后果是，数据库和库的不同组合将会使分布式事务频繁得难以想象。在这种情况下，分布式事务可能不是个好主意，因为随着时间的推移，微服务也会持续增加或参与，事务上下文会变得愈发复杂，并且持续时间会增加：微服务可能并不总是适用于同时处理相同的活动。

简而言之，saga 设计模式在微服务架构中发挥着重要作用，可以协调不同状态存储的数据一致性。

图 5.5 展示了一个 saga 设计模式的例子。

在饼干销售电子商务网站场景下，我们将订单行为设计为 saga 结构。

- 一个订单被提交（可能来自 Web 前端）到 order-service，该服务注册并发布消息到 OnOrder_Submitted 主题。order-service 在这一步不校验物品库存数量，它的原理类似于如果能将物品放入购物车，那么它是可售的。

  order-service 订阅了许多其他的主题，由于其他微服务依赖 order-service 来获知订单状态，从而及时保存订单的最新状态是 order-service 的责任。这些主题指示不可逆原因导致订单被取消。

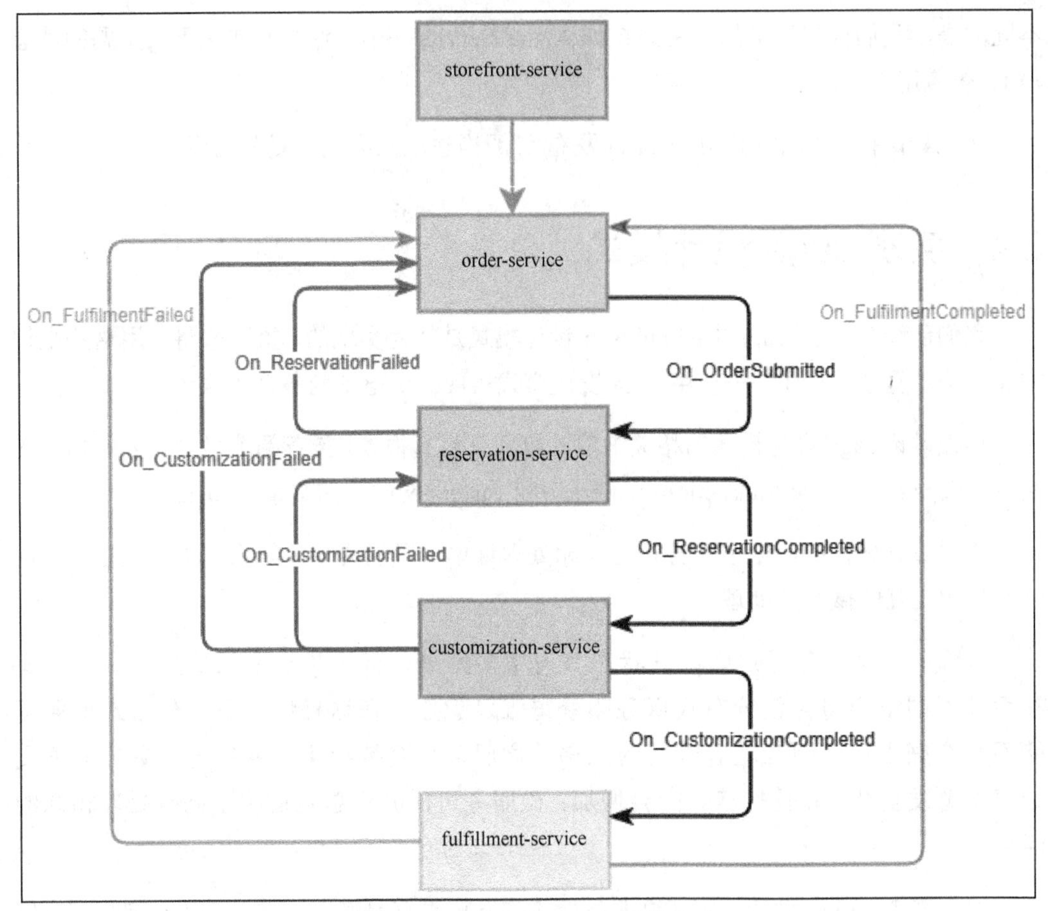

图 5.5 Dapr 中的 saga 设计模式

- reservation-service 订阅了 OnOrder_Submitted 主题来获取新订单并修改商品库存，然后发送消息到 OnReservation_Completed 主题。如果无法分配订单中任意商品的库存，那么它将撤销已经分配的库存以进行补偿，然后发布信息到 OnReservation_failed 主题。通过订阅 OnCustomization_failed 主题，reservation-service 将尝试补偿还未被定制商品的可分配库存，因为这些商品将被弃置，而无法销售给其他客户。
- 另一个微服务 customization-service 以类似的方式运行：通过发布消息到 OnCustomization_failed 主题来通知接下来的步骤继续或进行补偿，同时通过订阅 OnReservation_Completed 主题来通知已完成 saga 设计模式中前置步骤。
- fulfillment-service 的设计不会为 saga 设计模式提供新的视角。受篇幅影响，此部分内容不在本节的讨论范围内。

实现 saga 设计模式的步骤如下：

1．向 Dapr 发布消息；

2．订阅 Dapr 主题；

3．测试 saga 设计模式。

构建代码的第一步是使 order-service 发布消息到目标主题。

5.4.1 向 Dapr 发布消息

在配置完 ASP.NET Web API 项目以支持订阅者处理 CloudEvents 后，我们已经准备好通过 Dapr ASP.NET SDK 发布第一个消息了。设置的代码非常简单，如下：

```
await daprClient.PublishEventAsync<Order>(PubSub, common.
Topics.OrderSubmittedTopicName, order);
```

这段代码的含义如下。

- 代码调用了 ASP.NET 控制器通过**依赖注入**（Dependency Injection，DI）获取 DaprClient 实例中 PublishEvent Async<T>的访问权限：DaprClient 是关联所有 Dapr 构建块的.NET 门户。
- 第一个参数是 pubsubname，参数值需要匹配\componets 文件夹下.yaml 文件中 commonpubsub 的值。微服务可以同时使用多个发布/订阅组件。
- 第二个参数是 topicName，它会影响消息的路由，并且会自己转换为 Azure Service Bus 的主题名称。
- 第三个参数是 data，它表示消息 payload。

> **重要提示：**
>
> 本示例程序的代码简单且直接：它考虑了补偿行为并且模拟了业务逻辑中的错误，但不提供合理的异常处理。你可以继续发掘，不管出现的情况是预期的还是意外

的，都需要认真评估，并决定是否重试，因为它们可能来自偶发错误、失败和补偿行为。

在 5.4.2 节中，我们将介绍如何订阅适当的 pub/sub 主题。

5.4.2　订阅 Dapr 主题

如 5.4.1 节介绍的那样，一个 ASP.NET 控制器方法签名可以使用[Topic]属性装饰，用于订阅来自主题的消息，代码如下：

```
[Topic(PubSub, common.Topics.CustomizationFailedTopicName)]
[HttpPost(common.Topics.CustomizationFailedTopicName)]
public async Task<ActionResult<Guid>>
OnCustomizationFailed(OrderCustomization customization,
[FromServices] DaprClient daprClient)
{
…此处省略…
}
```

为了使用 Dapr 的 ASP.NET 集成，控制器方法还有一个 route attribute 方法：这看起来似乎违反直觉，但 Dapr 运行时将在收到主题消息后调用该方法。

在 ASP.NET 控制器输出的地方有一个值得注意的点。如 Dapr 网站上的文章“Pub/sub API reference”描述的那样，HTTP 结构会影响 Dapr 运行时处理传递给订阅者消息的方式。我们需要检验几个可能的输出，具体如下。

- HTTP 200 响应包含一个空 payload 或包含一个由 status 键和 SUCCESS 值组成的 JSON 的 payload，用于通知 Dapr 运行时消息已经被订阅者成功处理。
- 一个带有 JSON payload、status 键和 RETRY 值的 HTTP 200 响应会通知 Dapr 必须重试该消息：当微服务遇到偶发错误时是有用的。
- 其他不同的响应可以通知 Dapr 记录一个警告或错误，又或者是丢弃或重试该消息。

我们已经修改所有的微服务用于发布和订阅它们的消息：现在是时候测试完整的场

景了。

5.4.3　测试 saga 设计模式

通过 Dapr CLI，我们可以在不同的终端窗口中启动 3 个 saga 实现范围内的微服务。具体步骤如下。

步骤 1：包含特殊定制请求的原始订单 payload 如下：

```
POST http://localhost:5001/order HTTP/1.1
content-type: application/json
{
  "CustomerCode": "Davide",
  "Items": [
    …此处省略…
  ],
  "SpecialRequests" : [
    {
      "CustomizationId" : "08ffffcc-7591-4702-ffff-
        fff6787bfffe",
      "Scope":
      {
        "ProductCode": "crazycookie",
        "Quantity": 1
      }
    }
  ]
}
```

步骤 2：立即提交订单，因为 order-service 通过发布/订阅组件与其他微服务通信，而不是通过 service-to-service 调用，所以它的处理速度非常快，代码如下：

```
= APP == Submitted order 17ecdc67-880e-4f34-92cb-ed13abbd1e68
```

步骤 3：reservation-service 分配商品数量，代码如下：

```
== APP == Reservation in 17ecdc67-880e-4f34-92cb-
ed13abbd1e68 of rockiecookie for 4, balance 76
```

```
== APP == Reservation in 17ecdc67-880e-4f34-92cb-
ed13abbd1e68 of bussola8 for 7, balance 1
== APP == Reservation in 17ecdc67-880e-4f34-92cb-
ed13abbd1e68 of crazycookie for 2, balance 19
== APP == Reservation in 17ecdc67-880e-4f34-92cb-
ed13abbd1e68 completed
```

步骤 4：customization-service 已经准备好接收定制饼干的请求。遗憾的是，如下面所示的疯狂饼干的**库存量单位**（stock-keeping unit，SKU），定制几乎一定会失败：

```
== APP == Customization in 17ecdc67-880e-4f34-92cb-
ed13abbd1e68 of crazycookie for 1 failed
== DAPR == time="2020-10-05T21:36:09.1056547+02:00"
level=error msg="non-retriable error returned from
app while processing pub/sub event ca651732-3a86-
442c-a16c-22cde9f10669: {\"type\":\"https://tools.
ietf.org/html/rfc7231#section-6.5.4\",\"title\":\"Not
Found\",\"status\":404,\"traceId\":\"00-
d361dfa4708d341f7c455c36f9c55fe5-caefa84996088f47-01\"}.
status code returned: 404" app_id=customization-service
instance=DB-XYZ scope=dapr.runtime type=log ver=1.1.0
```

customization-service 实际上失败了，并且它发布了一个消息到 OnCustomization_failed 来通知 saga 参与者。如你所见，我们收到来自应用和 Dapr 的消息：在这种情况下，customization-service 代码示例的回复报文告知这次失败，并且当异常发生时，不应该重试消息，因为该错误被认定为无法恢复。

步骤 5：reservation-service 还有一个目标是通过释放所有未被定制的、仍然可售的商品库存来补偿订单定制失败的问题。

步骤 6：reservation-service 订阅了 OnCustomizationFailed 主题，并且它已经准备好这样做了，代码如下：

```
== APP == Reservation in 17ecdc67-880e-4f34-92cb-
ed13abbd1e68 of rockiecookie for -4, balance 80
== APP == Reservation in 17ecdc67-880e-4f34-92cb-
ed13abbd1e68 of bussola8 for -7, balance 8
== APP == Reservation in 17ecdc67-880e-4f34-92cb-
```

```
ed13abbd1e68 of crazycookie for -1, balance 20
== APP == Acknowledged customization failed for order
17ecdc67-880e-4f34-92cb-ed13abbd1e68
```

步骤 7：order-service 也订阅了 OnCustomizationFailed 主题：如果我们在 Azure 门户中查看 Azure Service Bus 命名空间，可以看到 OnCustomizationFailed 主题有两个订阅。

步骤 8：同时，该微服务在定制失败时收到如下消息：

```
== APP == Acknowledged customization failed for order
17ecdc67-880e-4f34-92cb-ed13abbd1e68
```

通过上述步骤，我们能够实现 saga 设计模式与 Dapr 的结合，并受益于其带来的简单且强大的功能。

5.5 小结

在本章，我们学习了如何使用 Dapr 的发布/订阅构建块来解耦微服务间的通信，这种方式比起通过 service-to-service 直接调用简单很多，但也需要付出额外的努力。

我们明白了如何通过发布/订阅组件配置 Azure Service Bus，以及如何使用 Dapr .NET SDK 构建 ASP.NET 控制器来发布/订阅消息。

最后，在没有采用分布式事务的前提下，我们讨论了 saga 设计模式处理分布式数据一致性的复杂问题，并且在示例场景中实现了它。

在第 6 章中，我们将探索用于与外部服务和事件交互的资源绑定构建块。

第 6 章
资源绑定

本章的重点是 Dapr 的资源绑定构建块：一种从 Dapr 微服务调用外部系统并基于外部事件触发 Dapr 应用的便捷且可插拔的方法。

本章涵盖的主题如下：

- 学习如何使用 Dapr 绑定；
- 在 Dapr 中使用 Twilio 输出绑定；
- 在 C#中通过 Azure Event Hubs 输入绑定摄取数据。

在开发新的解决方案和改善现有解决方案时，学习 Dapr 资源绑定是很重要的。在第 5 章中探索过的 pub/sub 设计模式有助于在 Dapr 应用之间保持异步通信，而我们从资源绑定获得的知识将为解决方案带来互通性。

学习旅程的第一步是了解更多关于 Dapr 资源绑定的内容。

6.1 技术要求

示例程序的代码可以按照本书的“资源与支持”的说明去下载。本节的示例程序的代码在压缩包的 chapter06 文件夹中。

在本章中，脚本和代码文件统一存放在目录<repository path>\chapter06\中。我的本地目录是 C:\Repos\dapr-samples\chapter06。

请参考 1.4 节配置开发 Dapr 和运行示例程序需要的工具。

6.2　学习如何使用 Dapr 绑定

在前面几章中，我们把大部分的注意力投入到 Dapr 的架构上，以及在 Dapr 上下文中如何使用构建块让微服务之间的通信更加便利。

通过 Dapr 的 service-to-service 构建块我们可以直接调用另一个微服务，因为 Dapr 运行时能够将请求路由到目标并处理重试，这样做还有很多其他好处。

通过管理状态，Dapr 解除了微服务维护管道代码与持久层交互所必要的库的职责。

通过支持 pub/sub 设计模式，Dapr 使微服务以一种松耦合的方法进行通信并且允许增加整体架构的复杂性，这样做能够最小化对现有代码的影响。

以上所有构建块都专注于微服务内部。然而在大部分情况下，架构并不是完全隔离的，因为应用程序需要访问微服务以外的外部系统，无论是接收数据、响应外部事件还是进行事件通信。有时候，需求可能很简单，只需要在微服务中使用特定技术或者云服务，例如通过 Azure SignalR 或者 **Amazon Simple Notification Service**（Amazon SNS）发送通知消息。

Dapr 资源绑定构建块可以作为 Dapr 应用的**输入**和**输出**。

对于当前示例程序，允许 Dapr 应用在资源上执行特定操作的输出绑定有如下这些。

- HTTP；
- Kafka；
- MQTT；
- RabbitMQ；
- Twilio；
- Twitter；
- Microsoft Azure：Blob 存储、Event Hubs、Cosmos DB、Azure Service Bus（ASB）、

SignalR、Queue Storage 和 Event Grid；

- Amazon Web Services：DynamoDB、Simple Storage Service（S3）、SNS、Simple Queue Service(SQS)和 Kinesis；
- Google Cloud Platform（GCP）：Cloud Pub/Sub 和 Storage Buckets。

允许 Dapr 应用接收外部资源引发的事件而被调用的输入绑定有如下这些。

- cron；
- Kafka；
- MQTT；
- RabbitMQ；
- Twitter；
- Azure：Event Hubs、Azure Service Bus（ASB）、Queue Storage 和 Event Grid；
- Amazon：SQS 和 Kinesis；
- GCP：Cloud Pub/Sub。

为了在 Dapr 中使用资源绑定，首先必须将它配置为模块。接下来我们看看如何配置一个最简单的模块——cron 输入绑定。

6.2.1 配置 cron 输入绑定

在本地开发环境中，.yaml 文件必须被放在 Dapr 命令行界面（CLI）指定的目录 dapr run --app-id "<application>" --components-path "./components"中。每一个 Dapr 应用都可以配置不同的组件路径，但是因为某些模块已经被这本书中的多个示例程序使用，所以为了简单起见，我会把所有的.yaml 文件模块保存在 solution 级别的一个公共目录中。

cron 绑定采用了下面的配置：

```
apiVersion: dapr.io/v1alpha1
kind: Component
metadata:
```

```
  name: cron
  namespace: default
spec:
  type: bindings.cron
  version: v1
  metadata:
  - name: schedule
    value: "@every 10s"
```

更多的信息可以在关于 Dapr 绑定的文档中找到（参见 Dapr 网站上的 bindings-overview 页面）。

bindings.cron 类型组件的相关配置是 name 和 schedule。使用输入绑定时，Dapr 运行时将根据配置项 name 的值，以命令 POST 调用应用程序端点的相关路由，以配置项 schedule 设定的间隔来触发应用程序。

在其他的输入绑定中，触发器对应的是消息或者事件的到达信号。

6.2.2　测试 cron 绑定

对于 ASP.NET 的项目，我们需要在 ASP.NET 控制器中实现一种带 cron 路由的方法；本示例程序是对 Dapr 项目 shipping-service（送货服务）的补充，代码如下：

```
[HttpPost("cron")]
public ActionResult Cron()
{
    Console.WriteLine($"Cron @{DateTime.Now.ToString()} ");
    return new OkResult();
}
```

上述代码没有考虑请求负载：使用 cron 输入绑定的目的仅仅是为了安排重复发送的请求。

ASP.NET 控制器通过返回一个成功的结果来告知 Dapr 运行时操作已经完成。这再简单不过了。

在 6.3 节中，我们将学习如何配置和使用一个更加复杂的输出绑定。

6.3　在 Dapr 中使用 Twilio 输出绑定

输出绑定使微服务能够活跃地和外部系统或服务进行交互，并且除 Dapr API 以外不需要处理 SDK、库或者 API。在 C#示例程序中，我们将使用 Dapr .NET SDK 来抽象这种交互。

第 5 章介绍了 **shipping-service**：这个 Dapr 应用订阅了 OnOrder_Prepared 主题，order-preparation saga 里所有的步骤都成功执行后就通知它。

我们打算增加微服务的功能：通知用户订单已经发货。为此，我们可以利用一个通知服务（如 Twilio）来向客户发送**短消息**，如图 6.1 所示。

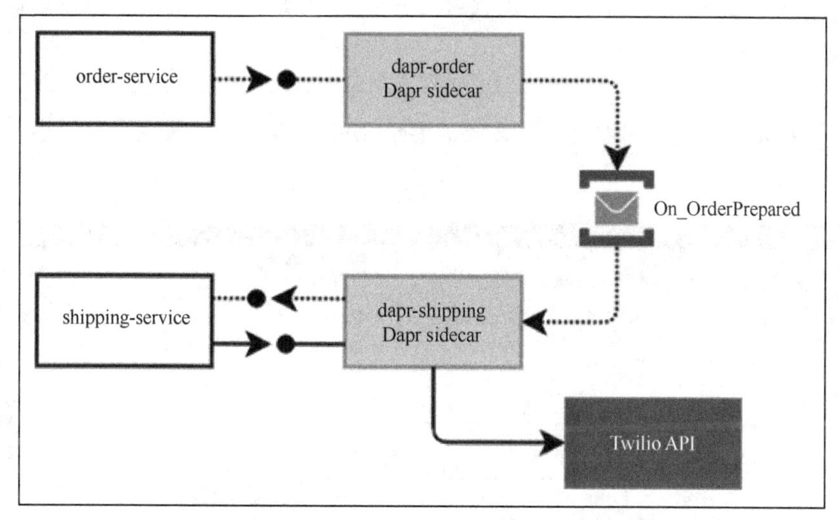

图 6.1　加入到 shipping-service 的 Twilio 输出绑定

在图 6.1 中，你能够看到 Dapr 服务中 shipping-service 的进化：这里采用了一个 Twilio 类型的输出资源绑定。

我们将按照以下 4 个简单步骤进行输出绑定：

1. 注册 Twilio 试用账户；
2. 配置 Twilio 输出绑定；
3. 通过输出绑定发送信号；

4. 验证通知。

我们将从第一步开始：注册 Twilio 试用账户。

6.3.1 注册 Twilio 试用账户

可以在 Twilio 网站上申请一个 Twilio 免费试用账户。因为示例程序需要向客户发送一个文本消息，所以你需要注册了一个有效的电话号码。

> **重要提示：**
>
> 关于 Twilio 免费试用的问题，可以访问 Twilio 网站以获得进一步的信息。作为一个例子，你只可以向一个验证过的电话号码发送文本消息，并且消息将以某些默认的文本开始。

如果有了账号和活跃的项目，那么还需要从 Twilio 页面中收集两个字符串，如图 6.2 所示。

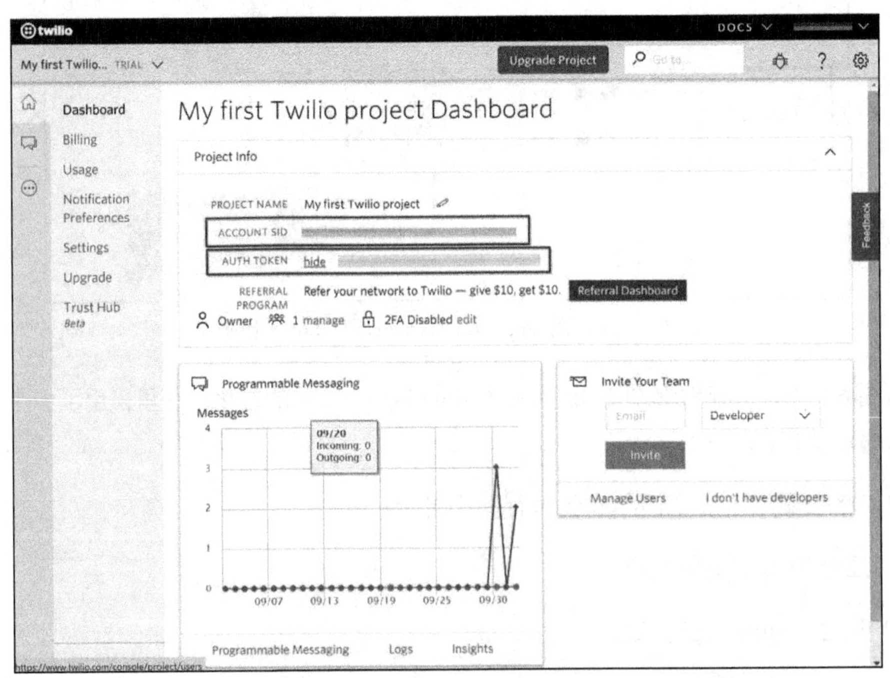

图 6.2　Twilio 账号安全标识（SID）和身份验证（auth）令牌

在图 6.2 中，账号 SID 和 auth 令牌是用来配置 Dapr 中 Twilio 绑定配置字符串的。

6.3.2 配置 Twilio 输出绑定

Dapr 网站上的文章“Twilio SMS binding spec”提供了 Twilio 绑定规范的详细信息：必须创建一个配置文件以使用账号和密码访问 Twilio。components\twilio.yaml 文件的内容如下：

```
apiVersion: dapr.io/v1alpha1
kind: Component
metadata:
  name: twilio
spec:
  type: bindings.twilio.sms
  version: v1
  metadata:
  - name: fromNumber # required.
    value: <omitted>
  - name: accountSid # required.
    value: <omitted>
  - name: authToken # required.
    value: <omitted>
```

上述代码将检查前面的配置文件。在 bindings.twilio.sms 类型的输出绑定中，这里没有指定元数据键 toNumber 元数据键。它可以通过代码来实现。

accountSID 和 authToken 键必须设置为从 Twilio 网站上收集的值。

接下来，我们将让应用程序知道什么时候应该发送文本消息。

6.3.3 通过输出绑定发送信号

我们必须启动 Dapr 应用并且通过发送一个测试消息来触发订阅。

我们可以使用 Dapr CLI 来启动 shipping-service，代码如下：

```
dapr run --app-id "shipping-service" --app-port "5005" --dapr-
grpc-port "50050" --dapr-http-port "5050" --components-
path "./components" -- dotnet run --project ./sample.
microservice.shipping/sample.microservice.shipping.csproj
--urls="http://+:5005"
```

在 Dapr 的输出日志中，可以看到运行时发送的确认绑定的输出，如下：

```
== DAPR ==  time="2022-04-01T10:33:09.1415609+08:00" level=info
msg="component loaded. name: twilio, type: bindings.twilio.sms/v1"
app_id=shipping-service instance=DB-XYZ scope=dapr.runtime type=log
ver=1.6.0
```

紧接着上述 Dapr 日志追踪应该有如下类似的输出：

```
== DAPR ==  time="2022-04-01T10:33:09.1369622+08:00" level=info
msg="successful init for output binding twilio (bindings.
twilio.sms/v1)" app_id=shipping-service instance=DB-XYZ
scope=dapr.runtime type=log ver=1.6.0
```

接下来探索如何在 C#代码中使用输出绑定，代码如下：

```
[Topic(PubSub, Topics.OrderPreparedTopicName)]
[HttpPost(Topics.OrderPreparedTopicName)]
public async Task<ActionResult<Guid>> ship(Shipment
orderShipment, [FromServices] DaprClient daprClient)
{
     var state = await daprClient.
GetStateEntryAsync<ShippingState>(StoreName, orderShipment.
OrderId.ToString());
     state.Value ??= new ShippingState() {OrderId =
      orderShipment.OrderId, ShipmentId = Guid.NewGuid() };
     await state.SaveAsync();
      var result = state.Value.ShipmentId;
      Console.WriteLine($"Shipment of orderId
```

```
        {orderShipment.OrderId} completed with id {result}");
        var metadata = new Dictionary<string, string>();
        metadata.Add("toNumber","<omitted>");
        await daprClient.InvokeBindingAsync<string>
        ("twilio","create", $"Dear customer, your order with
        {orderShipment.OrderId} completed and shipped",
          metadata);
        Console.WriteLine($"Shipment of orderId
        {orderShipment.OrderId} notified to customer");
         return result;
}
```

在 ASP.NET 控制器中运行的 DaprClient 实例允许访问 daprClient.InvokeBindingAsync 方法。metadata 参数是一个键值字典，它会影响配置在 component.yaml 中的元数据：之所以前面的代码没有指定 toNumber 键，是因为从订单中（或者从另一个管理客户数据的微服务中）获取该键的值是微服务的职责。

第一个和第二个参数分别指定了配置绑定的名称 twilio 和在绑定操作中支持的 create 操作。

可以使用命令 dapr publish 通过 Dapr CLI 模拟一个消息，代码如下：

```
dapr publish --publish-app-id "shipping-service" --pubsub commonpubsub
-t OnOrder_Prepared -d '"{\"OrderId\": \"08ec11cc-7591-4702-bb4d-
7e86787b64fe\"}"'
```

从 shipping-service 的输出中可以看到消息已经被接收并且 shipping 已经完成。

代码工作一切正常。这是因为 Dapr 运行时积极响应了请求。作为最后一步，我们仅仅需要把这个通知发送给客户。

6.3.4　验证通知

Dapr 输出绑定允许我们跟外部系统交互。除来自 Dapr API 的积极反馈（没有异常）以外，为了验证进程的结束我们还可以做另一件事——检查短消息！图 6.3 展示的信息表示这一步已经完成。

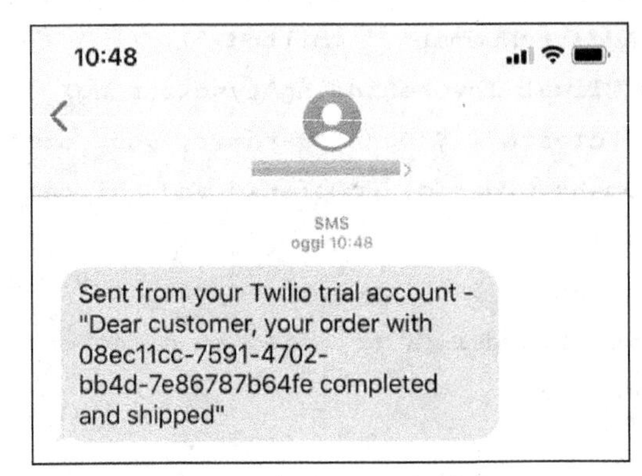

图 6.3　收到 Twilio 短消息

从图 6.3 中可以看到，我们收到了通过 Twilio 从 shipping-service 发出的通知。

在这个示例程序中，我们通过发布/订阅组件触发了一个 Dapr 应用，进而通过输出绑定发送了一个事件信号。我们也可以利用运行时的端点来直接测试输出绑定，代码如下：

```
POST http://localhost:5050/v1.0/bindings/twilio HTTP/1.1
content-type: application/json
{
    "data": "cookies ready from Dapr",
    "metadata": {
        "toNumber": "<omitted>"
    },
    "operation": "create"
}
```

与之前.NET SDK 的使用一致，toNumber 被设置为 metadata 中的值，并且 operation 被设置为 create。

我们已经完成了第一个带 Dapr 输出绑定的示例程序。在 6.4 节中，我们将解释如何使用 Dapr 绑定来触发微服务。

6.4 在 C#中通过 Azure Event Hubs 输入绑定摄取数据

在 6.2 节中，通过 cron 示例程序我们学会了如何实现一个简单的输入绑定。在本节中，我们将探索另一种利用 Azure Event Hubs 云消息服务的输入绑定，并在 reservation-service 的场景中实现它。

reservation-service 的职责是在新订单到来时分配特定产品（饼干）的数量。在这个场景中，不考虑是否有一个进程来预留（并因此减去）数量，以及是否应该有一个对等的进程来增加可用的数量，这是我们修复示例业务逻辑的前提。

在示例的饼干售卖电子商务网站场景中，假设有一个外部服务监督制造过程，它会根据预测结果和短期订单，按客户的要求生产准备出售或定制的饼干。manufacturing 不会通过 Dapr 与其他微服务交互：在两个子系统之间的唯一连接是贯穿 Azure Event Hubs 通道的一个事件流，如图 6.4 所示。

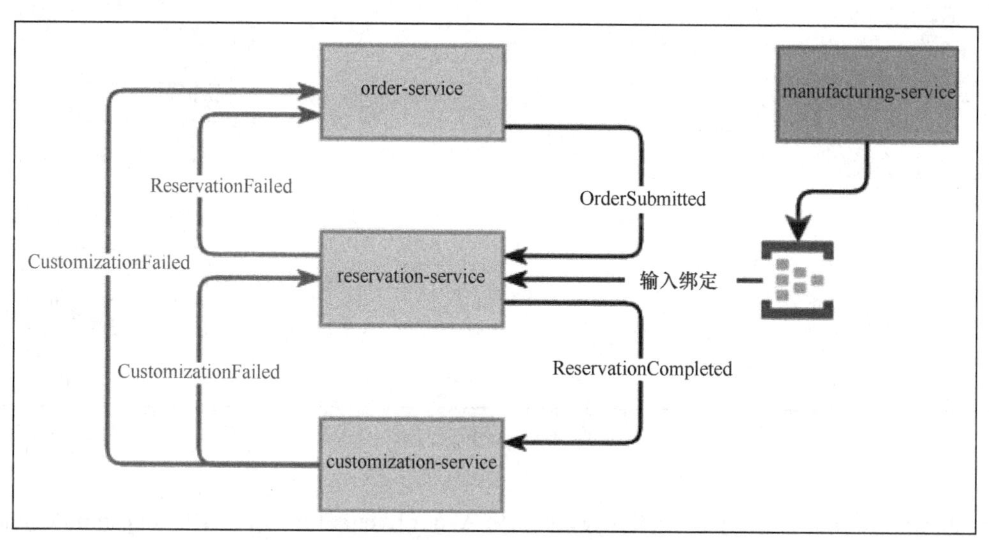

图 6.4　manufacturing-service 和 order-service 的交互

正如在图 6.4 中看到的，在 saga 设计模式的上下文中，请求和补偿交易的通信模式受到来自外部子系统额外数据的影响，外部数据由 Dapr 输入绑定接收，这使得编排消息变得更加重要。

我们将要在 6.4.1 节中实现此输入绑定。

6.4.1　创建 Azure Event Hubs 绑定

为了配置 Azure Event Hubs 输入绑定，我们需要先在 Azure 上创建它。

首先，创建一个 Azure Event Hubs 命名空间和一个事件中心。关于在 Azure 上如何获取这些资源的详细步骤，请参考微软官方网站上的文章“Quickstart: Create an event hub using Azure portal”。

图 6.5 展示了 Azure 门户的结果。

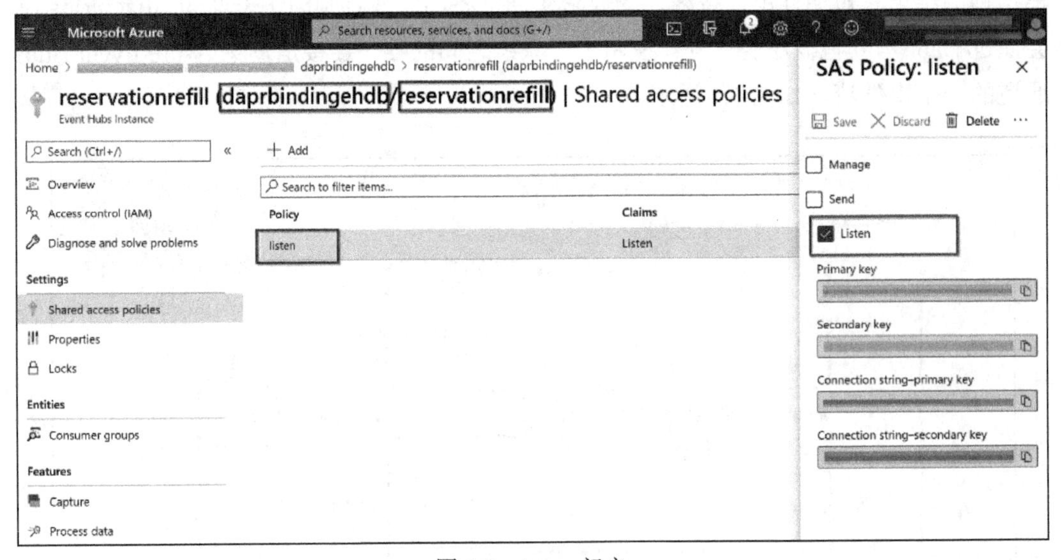

图 6.5　Azure 门户

正如在图 6.5 中看到的，这里创建了一个 Azure Event Hubs 命名空间 daprbindingehdb 和一个事件中心 reservationrefill，并且配置了一个带监听权限的访问策略。

对一个输入绑定来说带**监听**权限的访问策略应该足够了，而和一个输出绑定一起使用的访问策略则需要**发送**权限。

最后，我们需要创建一个 Azure 存储账户。这个资源将会被 Dapr 输入绑定实现使用，以跟踪事件中心的偏移量，即读取事件的到达信号。详细的分步指导请参考微软官方网站上的文章“Create a storage account”。

在图 6.6 中，可以看到这里创建了一个 Azure 存储账户并且获取了 Connection string。

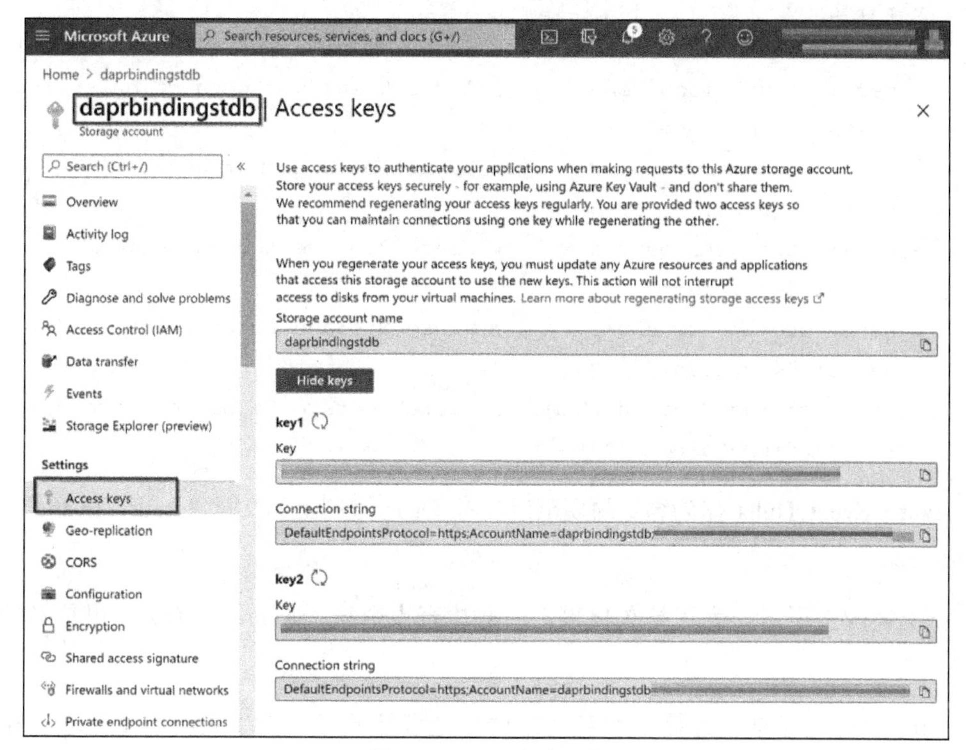

图 6.6 Azure 存储账户

在接下来的步骤中这个信息将会用来配置 Dapr 模块。

6.4.2 配置输入绑定

我们已经在 6.4.1 节创建好资源，接下来需要激活 Dapr 输入绑定。下面的文件 components\binding-eh.yaml 是必要的：

```
apiVersion: dapr.io/v1alpha1
kind: Component
```

```
metadata:
  name: reservationinput
  namespace: default
spec:
  type: bindings.azure.eventhubs
  version: v1
  metadata:
  - name: connectionString      # Azure EventHubs connection string
    value: "<omitted>"
  - name: consumerGroup         # EventHubs consumer group
    value: "group1"
  - name: storageAccountName    # Azure Storage Account Name
    value: "<omitted>"
  - name: storageAccountKey     # Azure Storage Account Key
    value: "<omitted>"
  - name: storageContainerName  # Azure Storage Container Name
    value: "inputbinding"
```

Azure Event Hubs 作为绑定的规范请参考 Dapr 官网上的文章"Azure Event Hubs binding spec"。

如上述配置所示，为了持久化事件中心检查点数据，Azure 存储账户也是必须设置的。

Dapr 现在已经准备好接收消息（在这里是事件）了。接下来我们将专注于输入绑定。

6.4.3　实现 Azure Event Hubs 输入绑定

在 reservation-service 中，我们通过输入绑定实现了一种接收事件的新方法。

正如我们在前面学到的，ASP.NET 路由的名称必须与 Dapr 模块中配置的名称保持一致。在下面的代码中可以看到属性反映了相同的模块名称 reservationinput：

```
[HttpPost("reservationinput")]
public async Task<IActionResult> Refill([FromServices]
```

```
    DaprClient daprClient)
    {
         using (var reader = new
          System.IO.StreamReader(Request.Body))
         {
               var body = await reader.ReadToEndAsync();
               var item =
                JsonSerializer.Deserialize<dynamic>(body);
               var SKU = item.GetProperty("SKU").GetString();
               var Quantity =
                item.GetProperty("Quantity").GetInt32();

               var stateItem = await daprClient.
                GetStateEntryAsync<ItemState>(StoreName_item,
                SKU);
               stateItem.Value ??= new ItemState() { SKU =
                SKU, Changes = new List<ItemReservation>() };
               stateItem.Value.BalanceQuantity += Quantity;

               await stateItem.SaveAsync();

              Console.WriteLine($"Refill of {SKU} for quantity
    {Quantity}, new balance {stateItem.Value.BalanceQuantity}");
          }
          return new OkResult();
    }
```

这个示例程序中使用的方法签名和前面示例程序中的有一点不同：我们需要和 Dapr 基础设施交互来收集微服务的状态，因此，daprClient 现在是一个参数。

在前面的代码中，为了让示例程序更简单，我们做了很多假设，比如消息的数据是 JSON 并且具有特定的格式。

就 Dapr 而言，由于我们接收的事件包含单个项目的信息，因此可以通过.NET SDK 检索状态、更新余额数量，并将它保存到状态存储中。

至此 Dapr reservation-service 应用程序已经准备好接收和处理事件了。

6.4.4　产生事件

使用 Azure Event Hubs 文档（参见 GitHub 网站上的文章“Azure Event Hubs client library for .NET”）作为起点，我们可以创建一个 C#控制台项目来模拟 manufacturing-service 的输出，从烤箱出来的新饼干连续流通过 Azure Event Hubs 发信号给 Dapr 输入绑定，代码如下：

```
class Program
{
    private const string connectionString = "<omitted>";

    static async Task Main(string[] args)
    {
        Console.WriteLine("Started sender");
        var rnd = new System.Random();
        var cookies = new List<string>{"bussola1",
         "bussola8", "rockiecookie", "crazycookie",
         "cookie43"};

        await using (var producerClient = new
         EventHubProducerClient(connectionString))
        {
            do
            {
                using EventDataBatch eventBatch = await
                 producerClient.CreateBatchAsync();
                for (int i = 0; i < 3; i++)
                {
                    var item = new
                    {
                        SKU =
                        cookies[rnd.Next(cookies.Count)],
                        Quantity = 1
                    };
                        var message =
                         JsonSerializer.Serialize(item);
                     eventBatch.TryAdd(new
                       EventData(Encoding.UTF8.GetBytes
```

```
                    (message)));
                }
                await  producerClient.SendAsync(eventBatch);
                System.Threading.Thread.Sleep(rnd.Next(500,
                  5000));
            } while (true);
        }
    }
}
```

上述简单的代码通过事件中心向 reservation-service 持续发送请求，期望补充饼干。饼干的**库存单位**（SKU）是随机选择的。

> **重要提示：**
>
> 当使用像 ASB 和事件中心这样的 Azure 消息服务时，推荐通过 Paolo Salvatori 安装 Azure 服务总线 Explorer。
>
> 尽管这款强大工具所提供的一些特性已经包含在 Azure 门户中，但对任何使用 Azure 消息栈开发的人来说 Azure 服务总线 Explorer 仍然是极佳的工具。

根据 reservation-service 的输出，我们可以验证输入绑定正在通过外部子系统的 Dapr 接收事件，输出如下：

```
== APP == Refill of crazycookie for quantity 1, new balance 44
== APP == Refill of bussola1 for quantity 1, new balance 160
== APP == Refill of rockiecookie for quantity 1, new balance
129
== APP == Refill of bussola1 for quantity 1, new balance 161
```

至此，在微服务中实现输入绑定的工作完成。

6.5 小结

在本章中，我们探讨了 Dapr 的**输入和输出**（I/O）绑定构建块，并且学习了如何使用 Twilio 输出绑定通过短消息通知客户，而不用处理库、SDK 和管道代码，因为这一切都可以归结为对 Dapr 运行时的一次简单调用。

然后我们在示例电子商务网站架构的微服务和外部子系统之间建立了一个通信通道：两端都不知道各自的实现细节，并且微服务也不知道如何跟作为消息总线的 Azure Event Hubs 交互。

不像其他微服务，reservation-service 处于示例程序架构的中心位置。

值得注意的是，示例程序的代码并不处理应用程序级别的重试，如果状态管理的强一致性和较高的请求率总是会阻止预订的完成，这可能是相关的。这种情况应该使用更加可靠的代码来解决，但这对暴露在应用程序中潜在压力的情况确实有帮助，你可能想要把它作为附加练习来处理。

在第 7 章中，我们将通过引入 Dapr actors 来找到能够处理高频访问一些小型的、独立的状态和逻辑单元的场景。

第 7 章 actor 的用法

本章将介绍如何在 Dapr 中实现非常强大的虚拟 actor 模型，以及如何在 Dapr 微服务架构应用中使用 actor 并介绍其不同用法的优缺点。actor 模型简化了 Dapr 应用中的状态管理，使应用程序能够在资源高度竞争的场景中保持良好的性能。

本章涵盖的主题如下：

- 在 Dapr 中使用 actor；
- actor 的生命周期、并发性和一致性；
- 在电子商务网站预订系统中使用 actor。

在 Dapr 中使用 actor 远没有理解 actor 模型的核心概念复杂。尽管如此，深入理解 actor 的应用场景（包括识别不良实践和规避陷阱的能力）是采用 actor 的前提条件。因此，本章将先概述 actor 模型，然后介绍它和 Dapr 在应用程序中的实践。

7.1 技术要求

示例程序的代码可以按照本书的“资源与支持”的说明去下载。本节的示例程序的代码在压缩包的 chapter07 文件夹中。

在本章中，脚本和代码文件统一存放在目录<repository path>\chapter07\中。我的本地目录是 C:\Repos\dapr-samples\chapter07。

请参考 1.4 节配置开发 Dapr 和运行示例程序需要的工具。

7.2　在 Dapr 中使用 actor

Dapr 中的 actor 模型采用了虚拟 actor 的概念——使用简单的方法来化解复杂的设计难题。虚拟 actor 首次出现在在微软公司的 Orleans 项目中，同时也是 Orleans 项目启发了 Dapr 的设计。如果你想深入了解虚拟 actor 的历史，请参考微软官方网站上的文章“Orleans-Virtual Actors”。

在虚拟 actor 中，服务的状态和行为紧密地交织在一起，actor 的生命周期由外部的服务或运行时来安排。这样一来开发者就可以从管理资源（虚拟 actor）及底层状态的并发访问职责中解脱。

接下来将分析如何在 Dapr 应用中实现虚拟 actor 模式。

7.2.1　actor 模型简介

在 Dapr 中，客户端与对应服务交互时可以直接调用，即 service-to-service 的调用；或通过消息间接调用，即第 5 章介绍的发布和订阅机制，然后作为服务的 Dapr 应用访问状态来读取或修改它。

如果我们考虑此类交互中涉及的组件，可以归结为以下内容：

- 客户端发起远程调用；
- 处理请求的服务；
- 管理状态信息的数据库。

我们刚刚列出了在经典三层架构中可以看到的相同数量的交互。微服务架构通过引入新的设计模式和能力从多个方面改变客户端和服务端的通信模式。尽管如此，它还是无法逃脱物理定律，比如网络延迟和存储输入/输出延迟。

Dapr 应用将会在一个高度分布的环境中运维（详见第 8 章～第 10 章）。由于上述 3 个组件可能运行在不同的节点中，它们甚至是不同服务的组成部分，因此在跨越网络和服务的边界时都会产生相应的延迟。

缓存是降低延迟的有效手段。缓存通过提高从信息源（数据库）重复读取的性能，使信息更接近服务。同时，缓存引入了管理一致性的复杂性，这种复杂性之前由数据库来解决：在执行更新时很难保持缓存的相关性。如果你希望控制缓存数据的访问来解决数据一致性问题，那么并发的复杂性会迅速显现。

虽然缓存是一种强大的机制，但是如果你试图从一致性和并发性的角度来加强它，就有可能达不到缓存可以实现的目标了。而 Dapr 中的虚拟 actor 则尝试用一种全新的方式来解决这个问题。

考虑问题的起源和挑战能帮助我们更好地理解 actor 模型。接下来，我们将通过分析本书示例程序——Biscotti Brutti Ma Buoni 电子商务网站的后台系统来加深对问题的理解。

图 7.1 展示了示例程序之间的交互和状态。

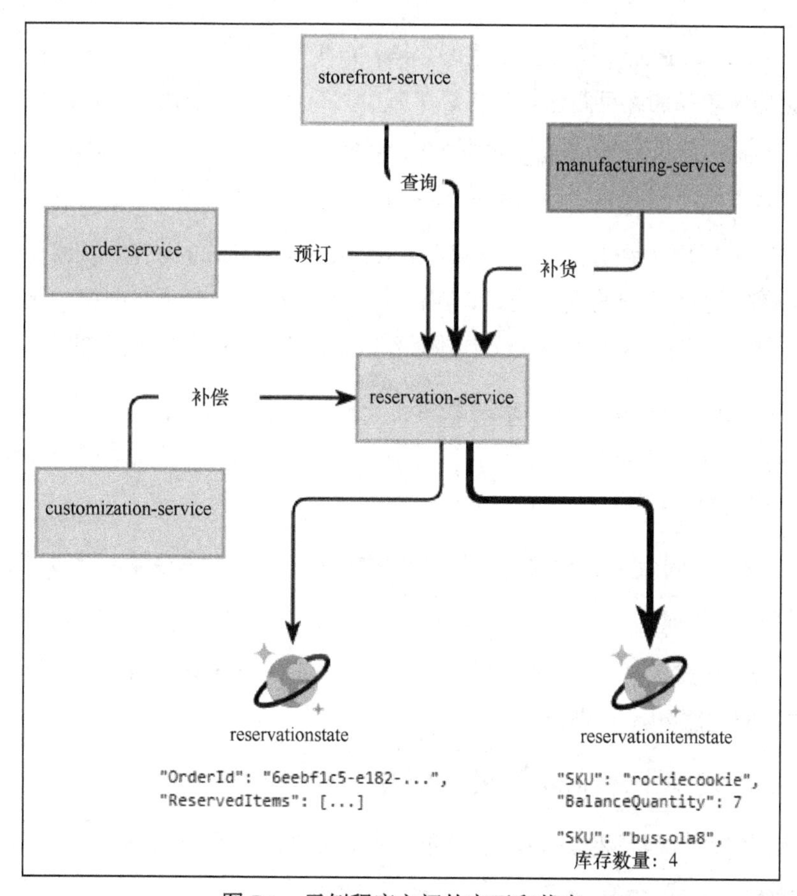

图 7.1　示例程序之间的交互和状态

在图 7.1 中，reservation-service（与 Dapr 应用中的 reservation-service 对应）位于交互的中心，与 saga 设计模式中的其他 Dapr 应用一起参与（第 5 章介绍过）；它接受来自 manufacturing-service 的更新，响应来自 storefront-service 的请求（storefront-service 是一个常见的有丰富用户界面的应用，受篇幅所限，该服务不在本书的讨论范围内）。

整个 Dapr 应用依赖两个状态存储，详情如下。

- reservationstate（预订订单状态存储）用来跟踪 order-service 中预订单品（某 SKU 对应的商品）的状态。当该单品定制失败需要补偿订单的时候，这个状态是很有用的。
  - ◇ 我们可以预测成功执行的订单，其状态交互的次数是有限的。
  - ◇ 对于新增订单，修改订单的状态会相应地增加 reservationstate 记录。
- reservationitemstate（预订项目状态存储）的使用方式与 reservationstate 的有所不同：它会跟踪单品的库存数量，如果订单减少其数量，补货则增加其数量。每一个订单及其可能产生的补偿活动、storefront-service 的申请和 manufacturing-service 产生的行为都等同于检索状态和更新特定项目。
  - ◇ 我们采用了强并发策略来管理 reservation-service 的状态，以避免不一致的更新。这样操作的副作用是，在请求持续增长的情况下，冲突的更新请求也会增加。为了不影响客户端的体验，我们在这里引入了更多的重试。
  - ◇ reservationitemstate 记录的数目在一段时间内相对稳定，一个单品一条记录。状态存储的操作并非平均分布到每一个单品的记录，而是取决于该单品的受欢迎程度。

在图 7.1 中，相同数量的检索请求和修改请求同时访问状态存储，此处状态存储用的是 Azure Cosmos DB。

引入 Dapr actor 模型之后，我们可以为每一个 reservationitemstate 状态记录创建虚拟代表，并与相应的服务代码绑定。

图 7.2 展示了引入 Dapr actor 模型后的架构。

图 7.2 显示了示例程序架构的演变：这里引入了新的 Dapr 服务 reservationactor-service，它提供了对 ReservationItemActor 类型的 actor 数量的访问。

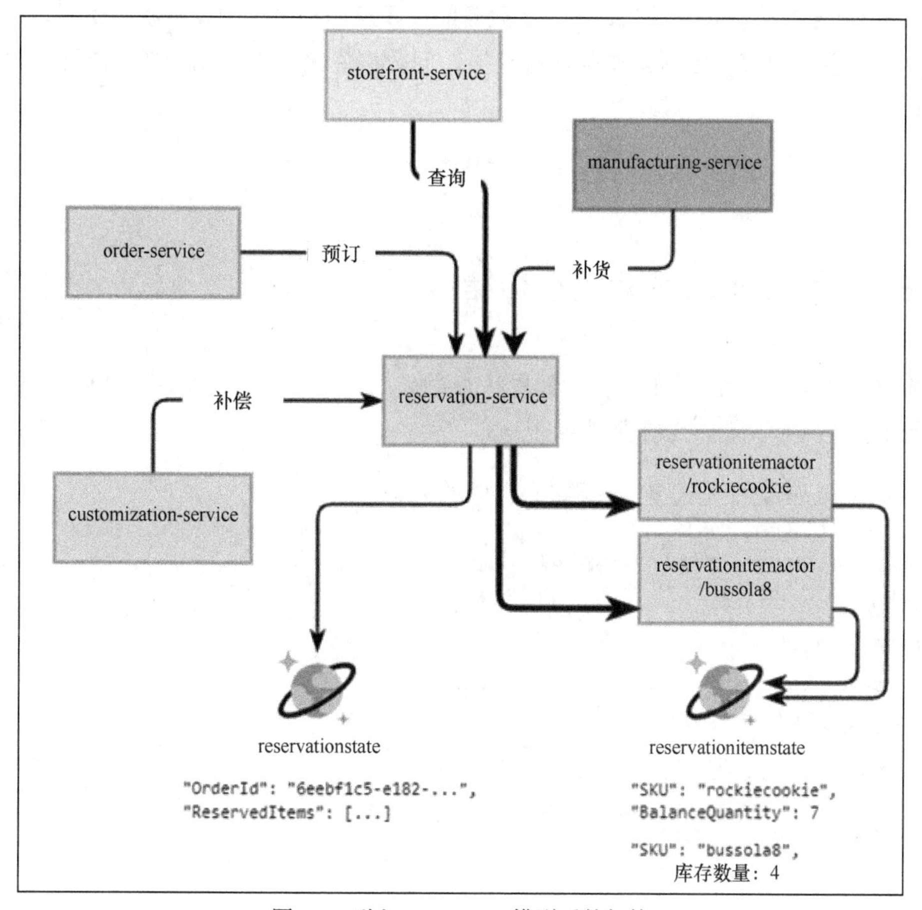

图 7.2 引入 Dapr actor 模型后的架构

本章后续内容会介绍 Dapr 管理托管环境（本地或者 Kubernetes）中的 actor 的生命周期和分配。我们可以认为电子商务网站中售卖的单品都有相应的 actor 实例，这些实例已经准备好接收请求。

然而，Dapr（虚拟）actor 给示例程序的微服务架构带来了什么改变呢？管理单品库存数量的业务逻辑，从 reservation-service 重构成 ReservationItemActor 类型的 actor，同时利用 actor 实例自身维护的状态。这种做法紧扣 Dapr 运行时的理念。

在 Dapr 的 actor 里，状态和行为交织在一起，负载被分布到托管平台以获得弹性。开发者不需要承担额外的开发工作，因为所有的内容都由 Dapr 运行时和托管平台来管理。

Dapr actor 的访问是基于 turn-based 策略的：读操作从内存中读取状态信息，与读取缓存中的内容一样快；更新操作则通过直接访问数据库来实现，无须考虑刚才讨论的并发问题。

接下来我们看看如何为 Dapr actor 配置状态存储。

7.2.2　配置 Dapr actor 状态存储

通过第 4 章的内容，我们学会了配置状态存储。目前只有少数的状态存储可以与 actor 一起使用，Azure Cosmos DB 是其中之一。

下面的.yaml 文件是配置 actor 状态存储的一个例子：

```yaml
apiVersion: dapr.io/v1alpha1
kind: Component
metadata:
  name: reservationitemactorstore
  namespace: default
spec:
  type: state.azure.cosmosdb
  metadata:
  - name: url
    value: …此处省略…
  - name: masterKey
    value: …此处省略…
  - name: database
    value: state
  - name: collection
    value: reservationitemactorstore
  - name: actorStateStore
    value: "true"
```

上述配置为支持 actor 模型所做的改动很少，只是将元数据 actorStateStore 的值设为 true。

现在我们配置了一个新的状态存储，名为 reservationitemactorstore。接下来验证它是否可用。

7.2.3　验证状态存储

我们可以通过运行一个现有的 Dapr 应用来验证状态存储的配置，它将会在 components 路径寻找.yaml 文件。

下面是我们在 Dapr 应用日志中提取的重要内容：

```
== DAPR == time="2020-10-14T19:38:22.3297439+02:00"
level=warning msg="either no actor state store or multiple
actor state stores are specified in the configuration, actor
stores specified: 0" app_id=order-service instance=DB-XYZ
scope=dapr.runtime type=log ver=1.1.0
== DAPR == time="2020-10-14T19:38:22.3297439+02:00" level=info
msg="component loaded. name: customizationstore, type:
state.azure.cosmosdb" app_id=order-service instance=DB-XYZ
scope=dapr.runtime type=log ver=1.1.0
```

在上述日志中，当一个状态存储被发现，但还没配置为 actor 状态存储前，我们可以看到消息“either no actor state store or multiple actor state stores are specified”。

```
== DAPR == time="2020-10-14T19:38:22.8820627+02:00" level=info
msg="component loaded. name: reservationitemactorstore, type:
state.azure.cosmosdb" app_id=order-service instance=DB-XYZ
scope=dapr.runtime type=log ver=0.11.2

== DAPR == time="2020-10-14T19:38:23.5358829+02:00" level=info
msg="actor runtime started. actor idle timeout: 1h0m0s. actor
scan interval: 30s" app_id=order-service instance=DB-XYZ
scope=dapr.runtime.actor type=log ver=0.11.2

== DAPR == time="2020-10-14T19:38:23.5358829+02:00" level=info
msg="starting connection attempt to placement service: lo
```

```
calhost:6050" app_id=order-service instance=DB-XYZ scope=dapr.
runtime.actor type=log ver=0.11.2
…
== DAPR == time="2020-10-14T19:38:23.5628868+02:00" level=info
msg="established connection to placement service at local
host:6050" app_id=order-service instance=DB-XYZ scope=dapr.
runtime.actor type=log ver=0.11.2
```

上述日志没有出现警告消息，这表明 reservationitemactorstore 组件已经被识别为 actor 的状态存储。如果错误地配置了两个 actorStateStore 状态存储，那么上述日志将出现警告消息。因为只允许一个 actor 状态存储，所以没有警告就是最好的消息！在上述最后一条日志消息中，可以看到成功连接 Dapr placement 服务的确认消息。

通过本节介绍的内容，你应该可以更好地理解 actor 在 Dapr 中的工作原理，进而构建高伸缩性的应用。但是在真正动手使用 Dapr actor 前，还需要了解更多概念，如 actor 的生命周期。

7.3 actor 的生命周期、并发性和一致性

Dapr 的 actor 模型依赖两个核心组件——sidecar 中的 Dapr 运行时和 Dapr placement 服务。

7.3.1 placement 服务

placement 服务负责维护 Dapr 实例映射——这些实例能够为 actor 提供服务。如本示例中的 reservationactor-service 服务。

Dapr 应用中的 reservationactor-service 实例启动后会通知 placement 服务，表明它准备好服务 ReservationItemActor 类型的 actor。

Dapr 中的 placement 服务向托管环境中所有的 sidecar 以哈希表的形式广播 reservationactor-service 服务及其所服务的 actor 类型。

由于托管环境中的映射表会持续更新，因此 actor 会均匀地分布在 actor 服务实例上。

在 Kubernetes 部署模式中，宿主机是 pod（其中部署了一组容器）；在独立部署模式中，宿主机是本地节点本身。在 Kubernetes 中，pod 可以由不同的事件来初始化和终止（比如 pod 和节点的伸缩事件；升级、增加和删除节点时，节点被移除的 evicted 事件）。

将本示例程序部署到 Kubernetes 中时，我们将获得至少 3 种副本，每个 pod 中的 sidecar 都同时运行了 reservationactor-service。如果电子商务网站中有 300 个活跃的 cookies 单品，那么每个 pod 中的 reservationactor-service 将有近 100 个 ReservationItemActor 类型的 actor。

接下来我们继续学习 Dapr actor 模型是如何处理并发性和一致性的。

7.3.2 并发性和一致性

Dapr actor 模型使用 turn-based 访问策略和 per-actor 锁来实现并发操作。actor 实例在交互开始时获取锁，交互结束后释放锁。

图 7.3 展示了 Dapr actor 基于 turn-based 的访问策略。

在图 7.3 中，可看出在一个 actor 一个锁的前提下获得锁和释放锁的重要性。这个例子显示了两个 ReservationItemActor 类型的 actor，分别是单品 **bussola8** 的 actor 和单品 **rockiecookie** 的 actor。以下步骤对应于客户端（其他 Dapr 或非 Dapr 应用）按时间顺序的请求。

步骤 1：请求向 ID 为 **rockiecookie** 的 actor 预订具体数目的产品。此时 actor 没有锁，它可以马上获得锁，从而立即开始交互。

步骤 2：请求向 ID 为 **bussola8** 的 actor 预订具体数目的产品。此时 actor 也没有锁，可以立即开始交互。

步骤 3：请求向 ID 为 **rockiecookie** 的 actor 发出补货申请并被接收。当前的 actor 被步骤 1 锁定而且未完成预订请求，补货请求只能等待锁释放。一旦 actor 的锁释放，便可以开始与补货请求交互。

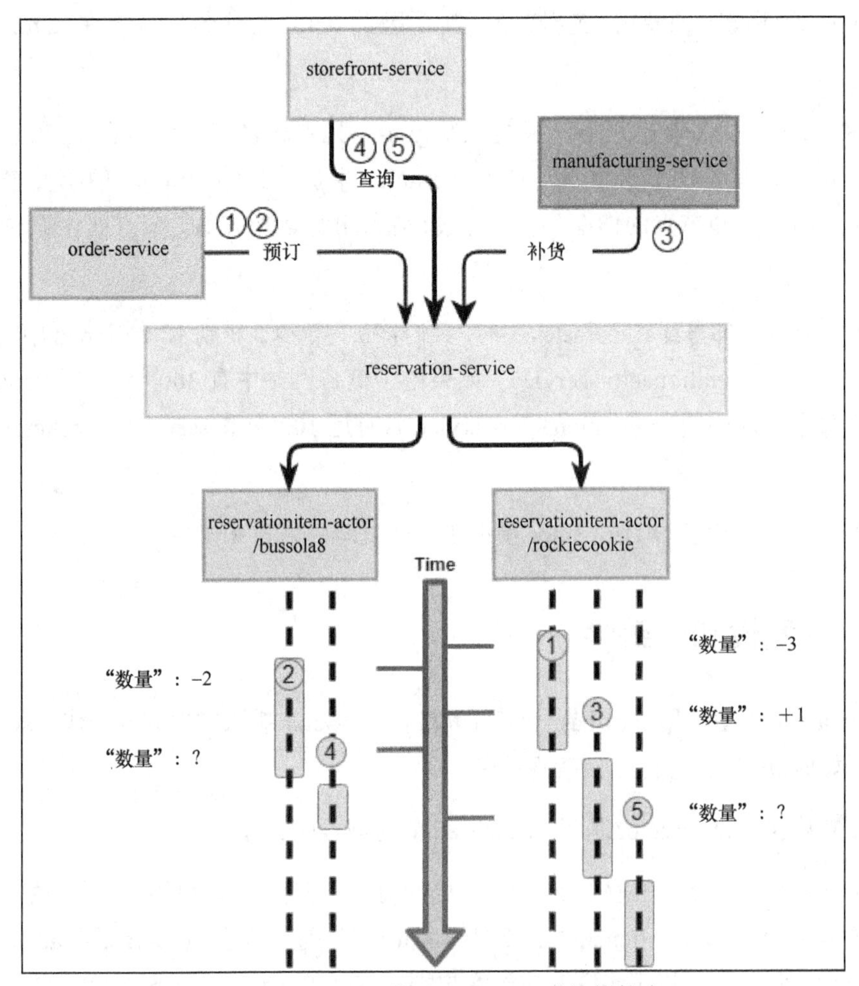

图 7.3　Dapr actor 基于 turn-based 的访问策略

步骤 4：请求向 ID 为 **bussola8** 的 actor 发出查询库存的申请。当前的 actor 被步骤 2 锁定而且未完成预订请求，查询请求只能等待锁释放。一旦 actor 的锁释放，便会开始进行快速查询（读取）操作。

步骤 5：类似的请求发往 ID 为 **rockiecookie** 的 actor。由于在 actor 的处理过程中平等对待所有的请求，当前的 actor 被步骤 3 锁定，因此查询请求必须等待锁释放才可以与 actor 交互。

上述的所有交互均由 Dapr 运行时完成，不需要 Dapr 应用额外的代码来实现。

虽然 turn-based 访问的 Dapr actor 强行实施严格的并发控制，但是 per-actor 策略有一点非常重要的是：访问其他 actor 的并发请求仍然能单独满足。

这种方法使得 Dapr 在保持数据一致性方面具有独特的优势，同时还能充当缓存。actor 的状态存储与 Dapr 其他的状态存储一样简单，在收到针对特定记录数据修改请求后，actor 会在最佳操作条件下串行地更新数据库。

从单个 actor 的角度来看，避免同时执行过长或过多的操作是很重要的，否则会导致 actor 获得锁的时间过长，影响客户端交互。例如，actor 需要尽量避免输入输出操作和其他阻塞性的行为。

actor 模型最适用于独立的、能快速响应请求的 actor。

从客户端来看，试图协调和汇总来自太多 actor 的信息不一定能获得最佳的用户体验。正如第 4 章介绍的，我们也可以直接向底层数据库提交查询，以便从状态存储中提取和聚合数据。

在示例程序中，reservation-service 是由管理 reservationitemstate 状态存储的业务演变而来的，最后成为 reservationactor-service 的一部分，用于管理 ReservationItemActor 类型的 actor。

所有启用了 Dapr 的应用都可以通过 SDK 来调用 actor，也可以直接调用由 sidecar 暴露的 Dapr API。

目前在 Dapr 中，actor 不能直接订阅任何发布/订阅构建块的主题：这是一个需要从另外一个服务间接调用 actor 的例子。

关于 Dapr 的 actor 模型，还有一个很重要的概念——actor 的生命周期。

7.3.3 actor 的生命周期

Dapr 中的 actor 不需要显示地创建，直接调用它们即可。

在 Dapr .NET SDK 中，我们可以通过重载基类的 OnActivateAsync 方法来捕获 actor 实例的激活事件。

actor 在一段时间没有活动后会转为失活状态。失活状态只是一种临时状态，当有新的请求出现时，Dapr 运行时就已经准备好将其从持久化的状态存储中重新激活并保存到内存中。每一种 actor 类型的空闲时间超时都可以配置。在你的应用架构中，你可以定义长期运行的 actor 和短暂运行的 actor。

我们也可以通过重载基类的 OnDeactivateAsync 方法来捕获 actor 实例的失活事件。任意与 actor 的交互操作都会延长 actor 实例的生命周期，因为 actor 的超时计时器会被重置。

提醒和计时器是 Dapr actor 非常重要的特性。给 actor 安排任务时，无论是安排重复的任务还是一次性执行的任务，两者都非常实用。例如，你希望 actor 在收到请求后延时执行服务代码。提醒和计时器在行为上有如下区别。

- 计时器只能在 actor 处于激活状态的时候生效，一旦 actor 失活，计时器便不再起作用，它也不能让 actor 维持在激活状态。
- 提醒是持久的，即使 actor 处于失活状态，它们也仍然能触发注册的方法，从而有效地延长 actor 的生命周期。

到目前为止，我们已经学习了 Dapr actor 模型的生命周期、placement 服务、一致性和并发性。接下来，我们已经准备就绪，将所学的知识和上述讨论的修改应用到小型电子商务网站解决方案中。

7.4 在电子商务网站预订系统中使用 actor

在学习 actor 模型的知识之后，我们可以通过以下步骤在示例项目中引入 Dapr actor：

1. 创建 actor 项目；
2. 实现 actor 模型；
3. 在其他 Dapr 应用中访问 actor；
4. 查看 actor 的状态。

接下来我们从创建一个.NET actor 项目开始。

7.4.1 创建 actor 项目

要在 C#的 Dapr 应用中实现 actor，我们必须先创建一个 actor 接口项目，它独立于两个 actor 服务项目之外。访问 actor 的其他服务或客户端将引用 actor 的接口。可以运行以下命令来创建接口项目：

```
PS C:\Repos\dapr-samples\chapter07> dotnet new classlib -f
net5.0 -o sample.microservice.reservationitemactor.interfaces
PS C:\Repos\dapr-samples\chapter07> cd .\sample.microservice.
reservationactor.interfaces\
PS C:\Repos\dapr-samples\chapter07\sample.microservice.
reservationactor.service> dotnet add package Dapr.Actors -v
0.11.0-preview01
```

创建 Dapr 微服务项目 reservationactor-service 的命令如下：

```
PS C:\Repos\dapr-samples\chapter07> dotnet new webapi -f net5.0
-o sample.microservice.reservationitemactor.service
PS C:\Repos\dapr-samples\chapter07> cd .\sample.microservice.
reservationactor.service\
PS C:\Repos\dapr-samples\chapter07\sample.microservice.
reservationactor.service> dotnet add reference ..\sample.
microservice.reservationactor.interfaces\sample.microservice.
reservationactor.interfaces.csproj
PS C:\Repos\dapr-samples\chapter07\sample.microservice.
reservationactor.service> dotnet add package Dapr.Actors -v
1.1.0
PS C:\Repos\dapr-samples\chapter07\sample.microservice.
reservationactor.service> dotnet add package Dapr.Actors.
AspNetCore -v 1.1.0
```

每一个项目都依赖了 Dapr .NET SDK 的 actor 库，该库位于 Dapr.Actors 包中。reservationactor-service 项目依赖了 ASP.NET 中的 Dapr.Actors.AspNetCore 的 actor 库。

现在项目已经创建好。接下来我们将在微服务中实现 actor。

7.4.2　实现 actor 模型

首先在 sample.microservice.reservationitemactor.interfaces 项目的 IReservationItemActor.cs 类中实现 actor 接口，代码如下：

```
using Dapr.Actors;
using System.Threading.Tasks;

namespace sample.microservice.reservationactor.interfaces
{
    public interface IReservationItemActor : IActor
    {
        Task<int> AddReservation(int quantity);
        Task<int> GetBalance();
        Task RegisterReminder();
        Task UnregisterReminder();
        Task RegisterTimer();
        Task UnregisterTimer();
    }
}
```

IReservationItemActor 接口继承了 Dapr.Actors 的 IActor 接口，它与我们的 actor 需要完成的任务一样简单：AddReservation 方法接收单品（SKU）的预订请求；GetBalance 返回单品的库存量。同时代码中保留了其他的方法以显示 Dapr actor 的附加功能。

接下来我们继续学习 sample.microservice.reservationactor.service.service 中 ReservationItem Actor.cs 类的实现，代码如下：

```
using Dapr.Actors;
using Dapr.Actors.Runtime;
using System;
using System.Threading.Tasks;
using sample.microservice.reservationactor.interfaces;
using sample.microservice.state.reservationactor;
using System.Collections.Generic;
```

```
namespace sample.microservice.reservationactor.service
{
    internal class ReservationItemActor : Actor,
       IReservationItemActor, IRemindable
    {
        public const string StateName = "reservationitem";

        public ReservationItemActor(ActorHost host)
            : base(host)
        {
        }

        protected override Task OnActivateAsync()
        {
            Console.WriteLine($"Activating actor id:
             {this.Id}");
            return Task.CompletedTask;
        }

        protected override Task OnDeactivateAsync()
        {
            Console.WriteLine($"Deactivating actor id:
             {this.Id}");
            return Task.CompletedTask;
        }
...接后面的类代码...
```

在 ReservationItemActor.cs 中，可以看到 C#中 Dapr actor 类型的典型定义方式：ReservationItemActor 源自 Dapr.Actors.Runtime.Actor，它实现了前面定义的 IReservationItemActor 接口和 Dapr.Actors.Runtime 的 IRemindable 接口。最后一个接口启用了提醒功能，它是一个能影响 actor 生命周期的强大功能。

ReservationItemActor.cs 的其他内容如下：

```
...接前面的类代码...
        public async Task<int> AddReservation(int quantity)
        {
```

```
            var SKU = this.Id.GetId();

            var state = await this.StateManager.
             TryGetStateAsync<ItemState>(StateName);

...此处省略...

            await this.StateManager.
               SetStateAsync<ItemState>(
                StateName, value);
            Console.WriteLine($"Balance of {SKU} was
{initialBalanceQuantity}, now {value.BalanceQuantity}");

            return value.BalanceQuantity;
        }

        public async Task<int> GetBalance()
        {
            var state = await this.StateManager.
              GetStateAsync<ItemState>(StateName);
            return state.BalanceQuantity;
        }
...此处省略...
}
```

在该方法的实现中，值得注意的是它定义了 actor 实例通过 Dapr actor 对象模型访问状态存储的方式。

它调用了 StateManager 的 TryGetStateAsync(StateName)方法，此方法在基类 Dapr.Actors.Runtime.Actor 中已经实现，actor 通过关键字 StateName 从状态存储中查询相应的状态记录。如果刚刚隐式地创建 actor 实例，那么状态记录有可能不存在，可以调用 StateManager.GetStateAsync(StateName)来获得状态记录。

调用 StateManager.SetStateAsync(StateName, value)后，如果 actor 的方法执行成功，可以告知 Dapr 运行时保存 StateName 对应状态记录中序列化的值。

actor 模型实现仍未完成，刚刚定义的 actor 类型必须注册到 Dapr 运行时。Startup.cs 文件的内容如下：

```
public void ConfigureServices(IServiceCollection services)
{
      services.AddActors(options =>
      {
           options.Actors.RegisterActor
             <ReservationItemActor>();
      });
}
public void Configure(IApplicationBuilder app,
IWebHostEnvironment env)
{
     if (env.IsDevelopment())
     {
          app.UseDeveloperExceptionPage();
     }
     else
     {
          app.UseHsts();
     }
     app.UseRouting();
     app.UseEndpoints(endpoints =>
     {
         endpoints.MapActorsHandlers();
     });
}
```

由此可见，actor 服务是相对 Dapr 标准服务的另外一种实现，从配置角度来看亦然。

在 Dapr actor 的 ASP.NET 项目正常运行后，便可以被其他 Dapr 应用访问。

7.4.3 在其他 Dapr 应用中访问 actor

首先，我们需要创建一个独立的项目，此项目包含该 actor 的接口，以便可以在客户端中引用它。

正如图 7.2 所展示的，我们希望在 reservationactor-service 作用域内与 ReservationItemActor 类型的 actor 交互。可以通过如下命令来添加引用：

```
PS C:\Repos\dapr-samples\chapter07> cd .\sample.microservice.
reservation\
PS C:\Repos\dapr-samples\chapter07\sample.microservice.
reservation> dotnet add reference ..\sample.microservice.
reservationactor.interfaces\sample.microservice.
reservationactor.interfaces.csproj
```

我们也需要在新项目中添加 reservationactor-service 的引用 Dapr.Actors。做法与上述项目的做法一致。

在前面的内容中，我们的代码直接通过 DaprClient 实例，即注入 Dapr 的 ASP.NET 控制器来访问状态存储的信息。我们后续应用于 ReservationController.cs 的更改将影响到这一点，代码如下：

```
[Topic(PubSub, common.Topics.OrderSubmittedTopicName)]
[HttpPost(common.Topics.OrderSubmittedTopicName)]
public async Task<ActionResult<OrderReservation>>
ReserveOrder(Order order, [FromServices] DaprClient daprClient)
{
    var stateReservation = await daprClient.
      GetStateEntryAsync<ReservationState>
     (StoreName_reservation, order.Id.ToString());
    stateReservation.Value ??= new ReservationState()
       {OrderId = order.Id, ReservedItems = new
       List<ItemReservation>() };

    var result = new OrderReservation(){ OrderId =
      order.Id, ReservedItems = new List<Item>()};
    foreach (var item in order.Items)
    {
        var SKU = item.ProductCode;
        var quantity = item.Quantity;

        var actorID = new ActorId(SKU);
```

```
            var proxy = ActorProxy.Create
              <IReservationItemActor>
             (actorID,"ReservationItemActor");
            var balanceQuantity = await
              proxy.AddReservation(quantity);

            result.ReservedItems.Add(new Item{SKU = SKU,
              BalanceQuantity = balanceQuantity});
}
```

上述代码有几个值得注意的地方。通过创建 ActorId(SKU)类型的实例，再将该实例作为参数传给 ActorProxy. Create <IReservationItemActor>(actorID,"ReservationItemActor")，我们指示 Dapr 运行时寻找在由 Dapr placement 服务同步更新过的映射表中负责处理该单品的 actor 服务实例，即 key 为 SKU 的 actor 实例。

刚才创建的 Dapr.Actors.Client.ActorProxy 实例允许通过调用其接口来调用 actor，就跟调用本地对象一样。方法 proxy.AddReservation(quantity)就是我们在接口 IReservationItemActor 中定义并在 ReservationItemActor 中实现的方法。

我们在本章中描述的所有概念都隐藏在这个简单的对象模型中——是不是很优雅、很简单？

与前面的内容一样，我们可以用 Dapr CLI 或者 Tye 来启动 sample.microservice.reservationactor.service.csproj 项目中的 actor 微服务 reservationactor-service，命令如下：

```
dapr run --app-id "reservationactor-service" --app-port "5004"
--dapr-grpc-port "50040" --dapr-http-port "5014" --componentspath
"./components" -- dotnet run --project ./sample.
microservice.reservationactor.service/sample.microservice.
reservationactor.service.csproj --urls="http://+:5004"
```

我们可以访问 http://localhost:5001/order 并提交一个订单来调用 order-service 中的 ASP.NET 控制器，体验将 actor 架构运用到示例程序的效果。下面是 reservation-service 的输出日志：

```
== APP == Reservation in d6082d80-1239-45db-9d35-95e587d7b299
of rockiecookie for 4, balance 32
== APP == Reservation in d6082d80-1239-45db-9d35-95e587d7b299
of bussola8 for 7, balance 59
```

```
== APP == Reservation in d6082d80-1239-45db-9d35-95e587d7b299
of crazycookie for 2, balance 245
== APP == Reservation in d6082d80-1239-45db-9d35-95e587d7b299
completed
```

我们重点观察 reservationactor-service 的输出日志：

```
== APP == Actor: rockiecookie Activated
== APP == Balance of rockiecookie was 36, now 32
== APP == Activating actor id: bussola8
== APP == Actor: bussola8 Activated
== APP == Balance of bussola1 was 6, now 4
== APP == Balance of crazycookie was 247, now 245
```

从日志可知，一部分 actor 因为我们的交互而被隐式地激活，另一部分 actor 已经在宿主机的内存中被激活。

到目前为止，我们已经证实将 actor 模型引入现有的 Dapr 应用中是非常容易的。接下来我们还需要进一步验证 actor 的数据是如何持久化的。

7.4.4 查看 actor 的状态

到目前为止我们已经学会如何为 actor 配置合适的状态存储。值得注意的是状态记录的主键如何组成的。下面以 Azure Cosmos DB 为例展示一个 actor 的状态记录：

```
{
    "id": "reservationactor-service||ReservationItemActor||cookie2||
reservationitem",
    "value": {
        "BalanceQuantity": -12,
        "Changes": [
            {
                "Quantity": 12,
                "ReservedOn": "2020-10-
                  09T22:17:47.0511873Z",
                "SKU": "cookie2"
            }
```

```
        ],
        "SKU": "cookie2"
    },
    "partitionKey": "reservationactor-service||ReservationItem
Actor||cookie2",
    "_rid": "h+ETAIFd00cBAAAAAAAAAA==",
    "_self": "dbs/h+ETAA==/colls/h+ETAIFd00c=/docs/
h+ETAIFd00cBAAAAAAAAAA==/",
    "_etag": "\"0000dd23-0000-0d00-0000-5f80e18a0000\"",
    "_attachments": "attachments/",
    "_ts": 1602281866
}
```

可以看到，主键是由<application ID>||<actor type>||<actor Id>||<key>模式组成的。各个字段的内容如下。

- application ID 是 reservationactor-service。
- actor Id 是对应 actor 的**唯一标识符**（Unique Identifier，UID），这里采用了 SKU 的值。示例中的值是 cookie2。
- actor 类型是 ReservationItemActor。
- key 是用来区分状态存储的，这里是 reservationitem。一个 actor 可以有多个状态存储。

到此为止，我们完成了 Dapr 中 actor 模型的学习。

7.5 小结

通过本章的内容，我们学习到 Dapr 中的 actor 模型是一款非常强大的工具。

我们不仅了解了适合 actor 模型的场景，而且学会了如何在实践中避开常见的陷阱。

通过配置 Dapr actor，从状态存储的配置到 ASP.NET 程序的改动，我们体验了扩展 Dapr actor 构建块的易用性。

接着，我们通过在示例程序架构中引入具体的 actor 类型，学习了如何采用接口和实现分离的方式构建 actor 服务，并在其他 Dapr 服务中成功调用该类型的 actor。

本章的示例程序再一次体现了 Dapr 非常重要的特点：通过服务之间的通信和发现来促进微服务架构应用的开发（客户端与 actor 的交互够简单吧），并通过 actor 充分解耦架构组件。除此之外，在示例程序中引入 actor 没有导致其他服务的改动。有了这些新的信息和经验，相信你已经知晓如何让 Dapr actor 在已有的应用和新的应用中发挥出强大的作用。

示例程序已经开发完成，我们可以将它移植到新的环境，开放给迫不及待要下单 Biscotti Brutti Ma Buoni 的客户们了。从第 8 章开始，我们将学习如何进一步配置 Dapr 应用并将它部署到 Kubernetes 中。

第三部分 部署和伸缩

在前面的内容中，我们介绍了 Dapr 的工作原理和 Dapr 应用的开发方法，是时候将 Dapr 应用部署到 Kubernetes 中并对应用程序进行负载测试了。

本部分的内容包括：

- 在 Kubernetes 中部署 Dapr 应用；
- 追踪 Dapr 应用；
- 负载测试和伸缩。

第 8 章
在 Kubernetes 中部署 Dapr 应用

本章将重点放在介绍 Dapr 的 Kubernetes 托管模式。首先，我们将学习如何修改示例项目，从而使其能在容器环境中部署，然后继续学习如何在 Azure Kubernetes Service 集群中配置 Dapr 环境。

本章将帮助我们直观地了解一个可以运行 Dapr 解决方案的可生产环境——Kubernetes 集群。

本章涵盖的主题如下：

- 创建 Kubernetes；
- 在 Kubernetes 中安装 Dapr；
- 部署 Dapr 应用；
- 将 Dapr 应用暴露给外部客户端。

作为开发者和架构师，我们通常将主要的精力放在定义和实现解决方案上。然而，了解部署方式以及不同的部署方式如何反过来影响设计，甚至影响整个解决方案的架构，这些都是很重要的。

我们的第一个目标是创建 Kubernetes 集群，并在开发环境中连接集群。

8.1 技术要求

示例程序的代码可以按照本书的“资源与支持”的说明去下载。本节的示例程序的代码在压缩包的 chapter08 文件夹中。

在本章中，脚本和代码文件统一存放在目录<repository path>\chapter08\中。我的本地目录是 C:\Repos\dapr-samples\chapter08。

请参考 1.4 节配置开发 Dapr 和运行示例程序需要的工具。

8.2　创建 Kubernetes

虽然围绕微服务架构的讨论独树一帜，但是容器化部署的概念推动了它在开发者和架构师之间普及。

如果你拥有大量的微服务，且每个微服务由一个或者多个容器组成，那么你需要一款处理容器编排的软件。简言之，编排在 Kubernetes 中是非常重要的，并且经常出现在微服务上下文中。

> **重要提示：**
>
> Kubernetes（简称 K8s）是非常受欢迎的开源容器编排工具。Kubernetes 项目目前由 CNCF 维护。

在本节中我们将会创建一个 Azure Kubernetes Service（AKS）集群。尽管学习所有 AKS 细节不在本书范围内，但对那些还不是 Kubernetes 极客的人来说，熟悉它的一些概念和工具很有帮助。

接下来我们将会：

1．创建 Azure 资源组；

2．创建 AKS 集群；

3．连接 AKS 集群。

我们从准备一个 Azure 资源组开始。

8.2.1 创建 Azure 资源组

在 Windows 终端中，我们可以通过运行 Azure CLI 命令登录 Azure。当然，你也可以通过 Azure 门户进行登录，但是 CLI 可以帮我们在 Azure 和 Kubernetes 之间保持一致的体验。命令如下：

```
az login
```

我们连接到将要部署集群的订阅，它可能与你在前面内容中使用的 Azure 订阅相同。我的订阅叫 Sandbox，命令如下：

```
az account set -subscription "Sandbox"
```

接下来所有的 Azure CLI 命令都将在上述指定的订阅中执行。

8.2.2 创建 AKS 集群

现在我们开始创建 AKS 集群。如果你想了解更多信息，请参考微软官方网站上的文章“Quickstart: Deploy an Azure Kubernetes Service cluster using the Azure CLI”。

我们选择启用监控功能并使用 VirtualMachineScaleSets（Azure 的特性，允许将节点作为一个组来管理和伸缩）来管理节点而不是单个 VM（Virtual Machine，虚拟机），命令如下：

```
Az aks create --resource-group daprrgdb --name dapraksdb `
    --node-count 3 --node-vm-size Standard_D2s_v3 `
    --enable-addons monitoring `
    --vm-set-type VirtualMachineScaleSets `
    --generate-ssh-keys
```

创建 AKS 集群需要等待几分钟。我们可以使用下面的命令来验证 AKS 集群资源的状态：

```
az aks show --name dapraksdb --resource-group daprrgdb
```

一旦 AKS 集群成功创建，我们就可以连接它了。

8.2.3　连接 AKS 集群

集群创建成功后，我们需要在开发环境安装 Kubernetes 工具，即 **kubectl CLI**，它可以通过输入 Azure CLI 提供的命令安装，命令如下：

```
az aks install-cli
```

通过使用 Azure CLI 命令，我们还可以检索集群管理访问权限所需的凭证。这些凭证将合并保存在 Kubernetes 默认的配置文件目录下。命令如下：

```
az aks get-credentials --name dapraksdb --resource-group daprrgdb
Merged "daprk8saksdb" as current context in C:\Users\user\. kube\config
```

现在我们可以通过命令 kubectl CLI 来访问集群，并控制集群中的所有资源。我们先通过如下命令检查集群的组成：

```
kubectl get nodes
NAME                                STATUS   ROLES   AGE   VERSION
aks-nodepool1-84704866-vmss000003   Ready    agent   11m   v1.20.9
aks-nodepool1-84704866-vmss000004   Ready    agent   11m   v1.20.9
aks-nodepool1-84704866-vmss000005   Ready    agent   11m   v1.20.9
```

命令 kubectl get nodes 的结果显示，我们运行了 3 个节点，与创建 AKS 命令指定的数量一致。

从现在开始，接下来的内容与 Azure 的关系会减少，与 Dapr 和 Kubernetes 更相关。Dapr 适用于任何容器环境中，例如其他云供应商提供的平台、边缘或者混合云场景。建议先熟悉 kubectl CLI 的文档，具体参见 Kubernetes 网站上的文章“Command line tool (kubectl)”。

另外，也可以在开发环境中安装 Helm 的客户端工具。Helm 是 Kubernetes 的包管理器，经常用于更复杂的解决方案。

通过本节内容，你已经学会如何创建 AKS 集群，在本地安装所需的 Kubernetes 管理工具，并获得集群的访问权限。8.3 节将会介绍如何在 AKS 集群中安装 Dapr。

8.3 在 Kubernetes 中安装 Dapr

现在，一个 Kubernetes 集群——准确来说 Azure 的 AKS 集群——已经准备好运行负载了。在准备进入应用程序前，需要先安装 Dapr。

在第 1 章中我们使用过以下命令，此时我们将再次使用它来初始化 Kubernetes 中的 Dapr。

```
PS C:\Repos\dapr-samples\chapter08> dapr init -k
Making the jump to hyperspace...
Note: To install Dapr using Helm, see here:  https://docs.dapr.
io/operations/hosting/Rubernetes-deploy/#install-with-helm-advanced
Deploying the Dapr control plane to your cluster...
Success! Dapr has been installed to namespace dapr-system. To
verify, run `dapr status -k' in your terminal. To get started,
go here: https://aka.ms/dapr-getting-started
```

上述命令安装并初始化了集群中与当前 Kubernetes 配置对应的 Dapr 组件。

我们可以通过执行以下 Dapr CLI 命令来验证在第 1 章中的 Dapr 服务是否存在于当前的集群中：

```
NAME                          NAMESPACE     HEALTHY   STATUS    REPLICAS
VERSION  AGE   CREATED
dapr-sentry                   dapr-system   True      Running   1
1.5.0    4m    2021-11-27 16:34.11
dapr-sidecar-injector         dapr-system   True      Running   1
1.5.0    4m    2021-11-27 16:34.11
dapr-placement-server         dapr-system   True      Running   1
1.5.0    4m    2021-11-27 16:34.11
dapr-dashboard                dapr-system   True      Running   1
0.9.0    4m    2021-11-27 16:34.11
dapr-operator                 dapr-system   True      Running   1
1.5.0    4m    2021-11-27 16:34.11
```

执行命令 dapr status -k 相当于通过 kubectl CLI 查询 Kubernetes dapr-system 命名空间下运行的 pod：

```
PS C:\Repos\dapr-samples\chapter08> kubectl get pods -n dapr-system  -w
NAME                                        READY
STATUS     RESTARTS    AGE
dapr-dashboard-854cf9ccb4-6tfnd             1/1       Running
0            6m58s
dapr-operator-69c7f4584f-vtqhw              1/1       Running
0            6m58s
dapr-placement-server-0                     1/1       Running
0            6m58s
dapr-sentry-6d4bd7dfb7-c46hj                1/1       Running
0            6m58s
dapr-sidecar-injector-79b45d74f8-m9mfm      1/1       Running
0            6m58s
```

从上述命令输出的 pod 数目中可以发现，Dapr 系统服务的 pod 中只有一个副本，但是它会随着 Dapr 的高可用性部署选项而改变。对于开发环境，因为我们的集群的节点数量减少了，所以可以只有一个副本。

你也可以用下列命令来查询运行在 dapr-system 命名空间下的服务：

```
PS C:\Repos\dapr-samples\chapter08> kubectl get services -n
dapr-system -w
NAME                        TYPE         CLUSTER-IP      EXTERNAL-IP
PORT(S)      AGE
dapr-api                    ClusterIP    10.0.35.245
<none>           80/TCP      10m
dapr-dashboard              ClusterIP    10.0.70.166
<none>           8080/TCP    10m
dapr-placement-server       ClusterIP
None            <none>          50005/TCP,8201/TCP    10m
dapr-sentry                 ClusterIP
10.0.214.125    <none>          80/TCP                10m
dapr-sidecar-injector       ClusterIP
10.0.234.25     <none>          443/TCP               10m
```

```
dapr-webhook                ClusterIP
10.0.49.222    <none>       443/TCP                 10m
```

你也可以从 Azure 门户获取相同的服务信息，如图 8.1 所示。

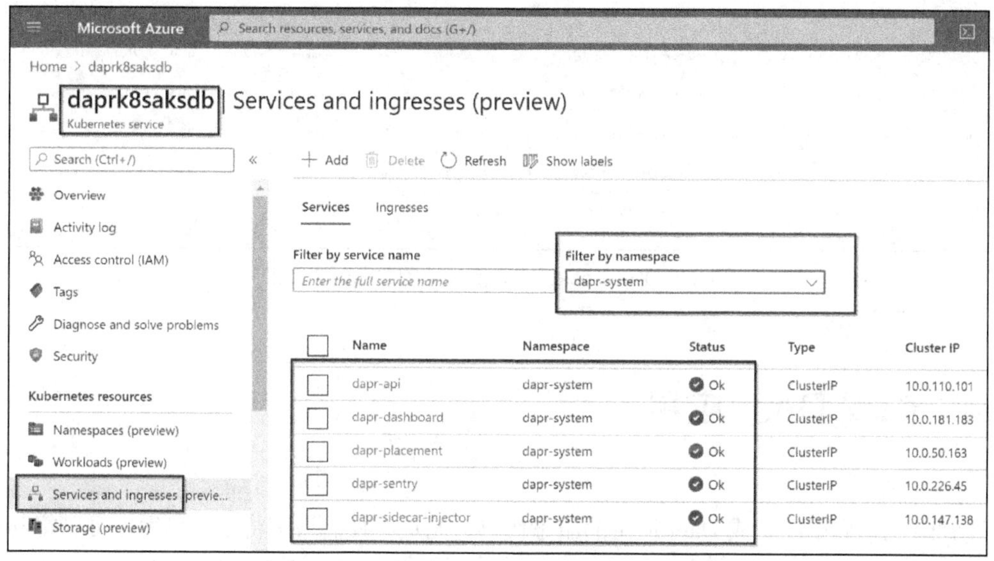

图 8.1　AKS 中 dapr-system 命名空间下的服务

在这里，可以看到 AKS 中已经配置好的 **Services** 和 **ingresses**（入口），它们按状态顺序显示，然后按命名空间过滤。

你也可以利用 Dapr 的仪表板，命令如下：

```
PS C:\Repos\dapr-samples\chapter08> dapr dashboard -k
Dapr dashboard found in namespace:      dapr-system
Dapr dashboard available at:    http://localhost:8080
```

通过命令 dapr dashboard 的 -k 参数，我们可以打开在 Kubernetes 集群中运行的 Dapr 仪表板。以下所有资源都部署在 dapr-system 命名空间中，如图 8.2 所示。

我们已经概述了使用不同的方法（通过 kubectl、Azure 门户、Dapr 仪表板等），收集在 Kubernetes 中运行的 Dapr 服务的状态。现在 Kubernetes 集群已经准备就绪，可以继续部署启用 Dapr 应用了。

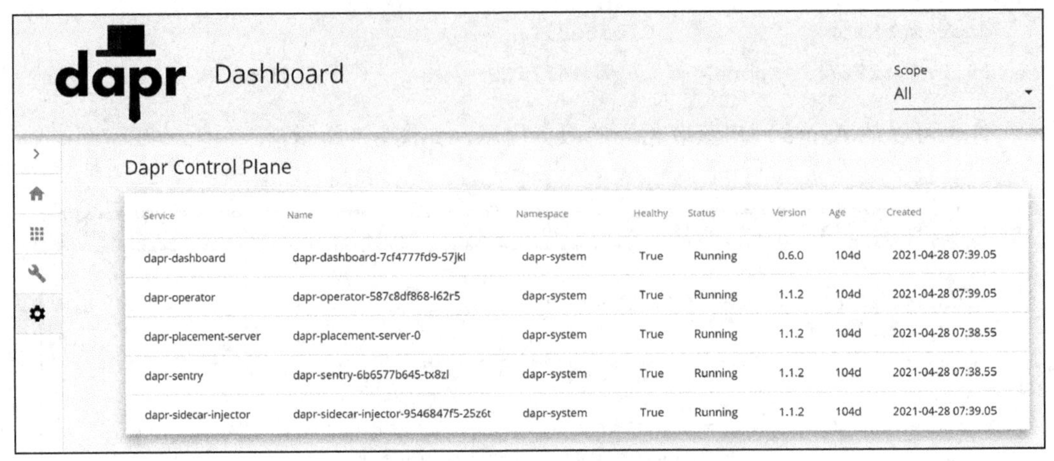

图 8.2　Kubernetes 托管模式下的 Dapr 仪表板

8.4　部署 Dapr 应用

到这里我们已经完成 Dapr 应用的服务代码。但是，我们只有将它打包后才可以将其以适当的方式部署到 Kubernetes 中。我们的第一个目标是将服务作为 Docker 容器进行发布。

本章的示例程序代码在 C:\Repos\dapr-samples\chapter08。与第 7 章结束前所达到的状态一致。回顾一下，构成整个解决方案的 Dapr 应用如下：

- sample.microservice.order；
- sample.microservice.reservation.service；
- sample.microservice.reservationactor.service；
- sample.microservice.customization；
- sample.microservice.shipping。

本章所对应的文件夹中还有其他项目。上述列表只概括了需要构建为 Docker 镜像的 Dapr 应用。为简单起见，它们被保存在独立的同名文件夹中，文件夹内有对应的 ASP.NET 项目文件.proj。

本节介绍了构建 Docker 镜像的步骤，并将镜像推送到私有的镜像仓库。但如果你想加快开发速度，你也可以直接使用本书在 Docker Hub 中提供的镜像。

- davidebedin/sample.microservice.order 对应的是 sample.microservice.order 应用。
- davidebedin/sample.microservice.reservation 对应的是 sample.microservice.reservation.service 应用。
- davidebedin/sample.microservice.reservationactor 对应的是 sample.microservice.reservationactor.service 应用。
- davidebedin/sample.microservice.customization 对应的是 sample.microservice.customization 应用。
- davidebedin/sample.microservice.shipping 对应的是 sample.microservice.shipping 应用。

如果你准备使用现成的容器镜像，可以直接跳到 8.4.3 节。我们也在工作目录中提供了使用 Docker Hub 上的镜像部署脚本。

关于 Docker Hub

Docker Hub 是世界上最大的容器镜像存储库，由 Docker 提供服务，用于查找并与所有人共享容器镜像。

接下来，继续 8.4.1 节的内容，我们将开始构建 Docker 镜像。

8.4.1 构建容器镜像

因为我们要将示例程序部署到 Kubernetes 中，所以必须遵循 Docker 容器的部署方式。

重要提示：

如果你想了解更多关于使用 Docker 容器格式来发布 ASP.NET 项目的知识，推荐阅读微软官方网站上的文章“Docker images for ASP.NET Core”。

Dockerfile 是一个文本文件，其中包含了 Docker CLI 构建镜像所需的所有命令。

接下来我们将从检查示例程序 sample. microservice.reservationactor.service 的 Dockerfile 开始。命令如下：

```
FROM mcr.microsoft.com/dotnet/sdk:5.0 AS build
WORKDIR /src

COPY ["sample.microservice.reservationactor.interfaces/sample.
microservice.reservationactor.interfaces.csproj", "sample.
microservice.reservationactor.interfaces/"]
COPY ["sample.microservice.reservationactor.service/sample.
microservice.reservationactor.service.csproj", "sample.
microservice.reservationactor.service/"]
RUN dotnet restore "sample.microservice.reservationactor.
interfaces/sample.microservice.reservationactor.interfaces.
csproj"
RUN dotnet restore "sample.microservice.reservationactor.
service/sample.microservice.reservationactor.service.csproj"
COPY . .
WORKDIR "/src/sample.microservice.reservationactor.service"
RUN dotnet publish "sample.microservice.reservationactor.
service.csproj" -c Release -o /app/publish --no-restore

ARG BUILD_DATE
ARG BUILD_VERSION
LABEL org.label-schema.build-date=$BUILD_DATE
LABEL org.label-schema.version=$BUILD_VERSION
LABEL org.label-schema.description="Practical Microservices with Dapr
and .NET sample, ReservationActor microservice"

FROM mcr.microsoft.com/dotnet/aspnet:5.0
WORKDIR /app
COPY --from=build /app/publish .
ENTRYPOINT ["dotnet", "sample.microservice.reservationactor.
service.dll"]
```

上述 Dockerfile 包含了构建过程的几个阶段。在该文件中可以看到两个不同的基础镜像。

- mcr.microsoft.com/dotnet/ aspnet:5.0：包含 ASP.NET Core 和.NET Core 的运行时和库的镜像，这个镜像专门用于为生产环境进行优化。

- mcr.microsoft.com/dotnet/sdk:5.0：除运行时以外，还包含.NET Core CLI，适用于构建 ASP.NET Core 项目。

首先，在基于 mcr.microsoft.com/dotnet/sdk:5.0 镜像的阶段将复制相关项目，同时使用 dotnet restore 来恢复依赖关系，并运行命令 dotnet publish 来发布项目。

其次，在基础镜像为 mcr.microsoft.com/dotnet/aspnet:5.0 的构建阶段，将命令 publish 输出的内容拷贝到根目录；当 ENTRYPOINT 声明为容器启动时，在相应的项目库上运行命令 dotnet。

我们可以通过命令 docker build 来执行 Dockerfile 的所有步骤：

```
PS C:\Repos\dapr-samples\chapter08> docker build . -f .\sample.
microservice.reservationactor.service\Dockerfile -t sample.
microservice.reservationactor.service
=> [stage-1 1/3] FROM mcr.microsoft.com/dotnet/aspnet:5.0@sha256:
8550452e9c42ce045d642860eef636598274aab606506eb  0.0s
 => [build 1/9] FROM mcr.microsoft.com/dotnet/sdk:5.0@sha256:
b2f3f15ee6100efdd36819a429b75d936e4be71bb2487cc48223  0.0s
 => CACHED [build 2/9] WORKDIR /src        0.0s
 => [build 3/9] COPY [sample.microservice.reservationactor.interfaces/
sample.microservice.reservationactor.interf  0.1s
 => [build 4/9] COPY [sample.microservice.reservationactor.service/
sample.microservice.reservationactor.service.c  0.1s
 => [build 5/9] RUN dotnet restore "sample.microservice.reservationactor.
interfaces/sample.microservice.reservati  8.2s
 => [build 6/9] RUN dotnet restore "sample.microservice.reservationactor.
service/sample.microservice.reservationa  4.2s
 => [build 7/9] COPY . .                   0.1s
 => [build 8/9] WORKDIR /src/sample.microservice.reservationactor.
service                                    0.1s
 => [build 9/9] RUN dotnet publish "sample.microservice.reservationactor.
service.csproj" -c Release -o /app/publi  4.3s
 => CACHED [stage-1 2/3] WORKDIR /app     0.0s
 => [stage-1 3/3] COPY --from=build /app/publish .  0.1s
```

```
 => exporting to image                          0.1s
 => => exporting layers                         0.1s
 => => writing image sha256:c48c4fddad4ef28ec8590171b7376e2382b2fe81a0
93a2bbd758dce02130367e                          0.0s
 => => naming to docker.io/library/sample.microservice.reservationactor.
service
```

为了简洁起见，上述输出省略了一部分内容。值得注意的是，每个 Dockerfile 定义的指令在执行过程中都被标记构建序号。最后一步，我们看到了 ENTRYPOINT。

我们必须为将要部署到 Kubernetes 中的每个 Dapr 应用执行上述 Docker 构建过程。

现在已经为开发环境构建好可用的容器镜像。接下来需要将镜像推送到镜像仓库，并将它们部署到 Kubernetes 中。

8.4.2　推送容器镜像

我们将要在 Kubernetes 上运行 Dapr 应用。到目前为止，我们需要将容器镜像从本地开发环境推送到镜像仓库，以便 Kubernetes 访问。

Kubernetes 集群可以从 **container registry**（容器注册表）的公有或者私有镜像存储库中获取镜像。**Container repository**（镜像存储库）是不同版本的容器镜像集合。

- Docker Hub 是一个拥有私有或公有存储库的 container registry。
- **Azure Container Registry**（ACR）是 Azure 提供的私有容器镜像存储库。
- 其他 container registry 提供了可用的私有或公有空间的选项。

这里选择 ACR，因为它非常适用于以 Azure 为中心的整体部署场景。你也可以将示例程序镜像推送到 Docker Hub 及其他 container registry 的公有或者私有镜像存储库。

你可以在微软官方网站上获取创建 ACR 示例的快速入手指南。

> **重要提示：**
>
> VS Code 在构建容器镜像并推送镜像至远端 container registry 时提供了非常丰富的开发者体验。在这里，学习新事物的同时使用这些功能是很有意义的。强烈推荐将

容器构建过程整合到 CI/CD 管道中，以便利用如 GitHub、Azure DevOps 以及其他适合运行这些任务的平台。

如果检查本地开发环境，可以看到我们有了一些新的 Docker 容器镜像。可以通过 VS Code 查看本地镜像和 ACR，如图 8.3 所示。

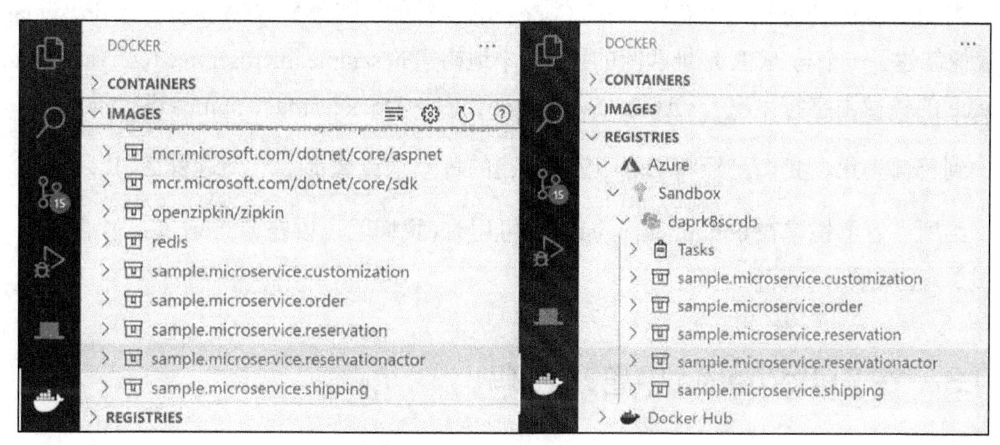

图 8.3 通过 VS Code 查看本地镜像和 ACR

在图 8.3 的左图中，可以看到已经被本地 Docker 识别的镜像。在 8.4.1 节中从 sample.microservice.reservationactor.service 镜像开始分析和构建的所有镜像都在此列表中。

在图 8.3 的右图中，可以看到容器镜像的终点——一个 ACR 示例。

VS Code 的 Azure 插件通过简化身份认证和 Azure 资源访问的方式提供了集成的开发者体验：可以一键将刚刚构建的镜像推送到 ACR。

如果查看 VS Code 中集成的终端窗口，就可以看到命令 docker push 已经开始执行，命令如下：

```
> Executing task: docker push dapracrdb.azurecr.io/sample.
microservice.reservationactor.service:latest <
The push refers to repository [dapracrdb.azurecr.io/sample.
microservice.reservationactor.service]
d513a9a5f622: Layer already exists
afc798cc7710: Layer already exists
049b0fdaa27c: Layer already exists
87e08e237115: Layer already exists
```

```
1915427dc1a4: Layer already exists
8a939c4fd477: Layer already exists
d0fe97fa8b8c: Layer already exists
latest: digest: sha256:c6ff3b4058c98728318429ca49f0f8df0
635f7efdfe34b6ccc7624fc3cea7d1e size: 1792
```

为简洁起见，上述输出没有显示 VS Code 插件执行的一些命令。首先执行命令 docker tag，为镜像创建了一个与 ACR 地址匹配的别名。本地构建的 sample.microservice.reservationactor.service 的镜像由字符串组合<ACR repository name>/<Docker image name>进行描述。

到目前为止，我们已经将 Dapr 应用构建的每一个镜像都推送到远程 ACR 示例。

当所有容器镜像在 container registry 中可用时，我们就可以在 Kubernetes 中部署 Dapr 应用了。

8.4.3　在 Kubernetes 中管理密码

密码、连接字符串和密钥等敏感数据通常与其他代码分开管理，解决方案的配置信息也类似，以防不恰当的共享危及其安全性。

Dapr 提供了 secret 构建块来管理敏感数据：它可以与很多 secret 存储服务集成，如 Azure Key Vault、Hashicorp Vault 和 Kubernetes 等。

Dapr 应用可以通过 GET 请求 Dapr API 来检索 secret 的数据：

```
GET http://localhost:/v1.0/secrets/<vault>/<secret>
```

我们还可以使用 secret 的数据来配置 Dapr 组件。

在示例解决方案中，我们使用 Azure Service Bus 作为消息发布/订阅平台，使用 Azure Cosmos DB 作为所有组件的状态存储。它们的连接依赖密钥和连接字符串，我们需要确保这些数据的安全。

现在，我们需要一个 secret 存储。与其创建其他 Azure 资源，不如在复杂性和学习新知识之间做一个平衡，采用 Kubernetes 内置的 secret 存储。

要通过运行 kubectl CLI 来创建 secret，我们可以用 kubectl create secret 语法，如下面的代码所示：

```
kubectl create secret generic cosmosdb-secret -from-
literal=masterKey='#secret#' --from-literal=url='#secret#'
kubectl create secret generic servicebus-secret -from-
literal=connectionString='#secret#'
```

我们可以在 Dapr 组件的.yaml 文件中使用 secret。例如，一个 actor 状态存储组件如下，它主要用在 reservationactor-service 程序中：

```
apiVersion: dapr.io/v1alpha1
kind: Component
metadata:
  name: reservationitemactorstore
  namespace: default
spec:
  type: state.azure.cosmosdb
  version: v1
  metadata:
  - name: url
    secretKeyRef:
      name: cosmosdb-secret
      key: url
  - name: masterKey
    secretKeyRef:
      name: cosmosdb-secret
      key: masterKey
  - name: database
    value: state
  - name: collection
    value: reservationitemactorstate
  - name: actorStateStore
    value: "true"
```

如你所见，配置文件 component-state-reservationitem.yaml 引用了 cosmosdb-secret 中的 url 字段和 masterKey 字段，并非在 metadata 中直接写入明文密码。

我们必须在所有 Dapr 组件的配置文件中都引用上述 secret。配置好后，就可以部署 Dapr 应用了。

8.4.4 Dapr 应用部署

到目前为止，我们已经成功地将 Dapr 应用的容器镜像推送至 ACR。在部署应用程序前，我们需要从 AKS 中连接 ACR。在终端窗口中，我们可以运行以下 Azure CLI 的命令：

```
az aks update --name dapraksdb --resource-group daprrgdb
--attach-acr dapracrdb
```

因为我们在 Azure 登录过的上下文中启动该命令，所以 Azure CLI 能够成功地执行它。这意味着当前 Azure CLI 有合适的权限访问 AKS 集群和 ACR。

根据前面章节的内容，在 Dapr 的自托管模式下，我们可以使用 Dapr CLI 来启动应用程序，如：

```
dapr run --app-id "reservationactor-service" --app-port "5004"
--dapr-grpc-port "50040" --dapr-http-port "5014" --components-
path components" -- dotnet run --project ./sample.microservice.
reservationactor.service/sample.microservice.reservationactor.
service.csproj --urls="http://+:5004"
```

然而，在 Kubernetes 托管模式中，你必须先定义一个.yaml 文件来描述 Dapr 应用的部署信息，再将.yaml 文件的配置应用到集群中。

Dapr 应用 reservationactor-service 对应配置文件 sample.microservice.reservationactor.yaml 的内容如下：

```
apiVersion: apps/v1
kind: Deployment
metadata:
  name: reservationactor-service
  namespace: default
  labels:
    app: reservationactor-service
spec:
  replicas: 1
  selector:
    matchLabels:
```

```
      app: reservationactor-service
  template:
    metadata:
      labels:
        app: reservationactor-service
      annotations:
        dapr.io/enabled: "true"
        dapr.io/app-id: "reservationactor-service"
        dapr.io/app-port: "80"
        dapr.io/log-level: "info"
        dapr.io/sidecar-liveness-probe-period-seconds: "20"
        dapr.io/sidecar-readiness-probe-period-seconds: "20"
    spec:
      containers:
      - name: reservationactor-service
        image: daprk8scrdb.azurecr.io/sample.microservice.
reservationactor:latest
        ports:
        - containerPort: 80
        imagePullPolicy: Always
```

上述代码是 Kubernetes 部署的标准配置文件。需要注意的是，容器镜像 dapracrdb.azurecr.io/sample.microservice.reservationactor 用的是 latest 版本，非 Dapr 特有。唯一体现 Dapr 配置的是此元数据的注解：dapr.io/ enabled: "true"，此配置直接决定了是否在 pod 中注入 Dapr sidecar 容器，它赋予服务访问 Dapr 构建块的能力。dapr.io/id: "reservationactor-service"注解声明了 Dapr 应用的 ID。

上述便是 Dapr 对部署在 Kubernetes 上应用程序的全部影响，总体来说，改变很少。我们可以执行命令 dapr dashboard -k，查看已经部署到 Kubernetes 中的所有 Dapr 应用。

> **Docker Hub 可用的镜像**
>
> Docker Hub 上有每一个示例程序可用的镜像，相应的部署脚本均在本章工作文件夹中。

配备好必要的组件和应用程序文件后，我们就可以将整个解决方案部署到 Kubernetes 中了。我们必须在解决方案的根目录运行以下命令来部署应用，我的本地目录是 C:\Repos\dapr-samples\chapter08：

```
kubectl apply -f .\Deploy\component-pubsub.yaml
kubectl apply -f .\Deploy\component-state-order.yaml
kubectl apply -f .\Deploy\component-state-reservation.yaml
kubectl apply -f .\Deploy\component-state-reservationitem.yaml
kubectl apply -f .\Deploy\component-state-shipping.yaml
kubectl apply -f .\Deploy\component-state-customization.yaml
kubectl apply -f .\Deploy\sample.microservice.order.yaml
kubectl apply -f .\Deploy\sample.microservice.reservation.yaml
kubectl apply -f .\Deploy\sample.microservice.reservationactor.yaml
kubectl apply -f .\Deploy\sample.microservice.customization.yaml
kubectl apply -f .\Deploy\sample.microservice.shipping.yaml
```

我们可以在 Azure 门户或者 Dapr 仪表板查看新部署对 Kubernetes 的修改，如图 8.4 所示。

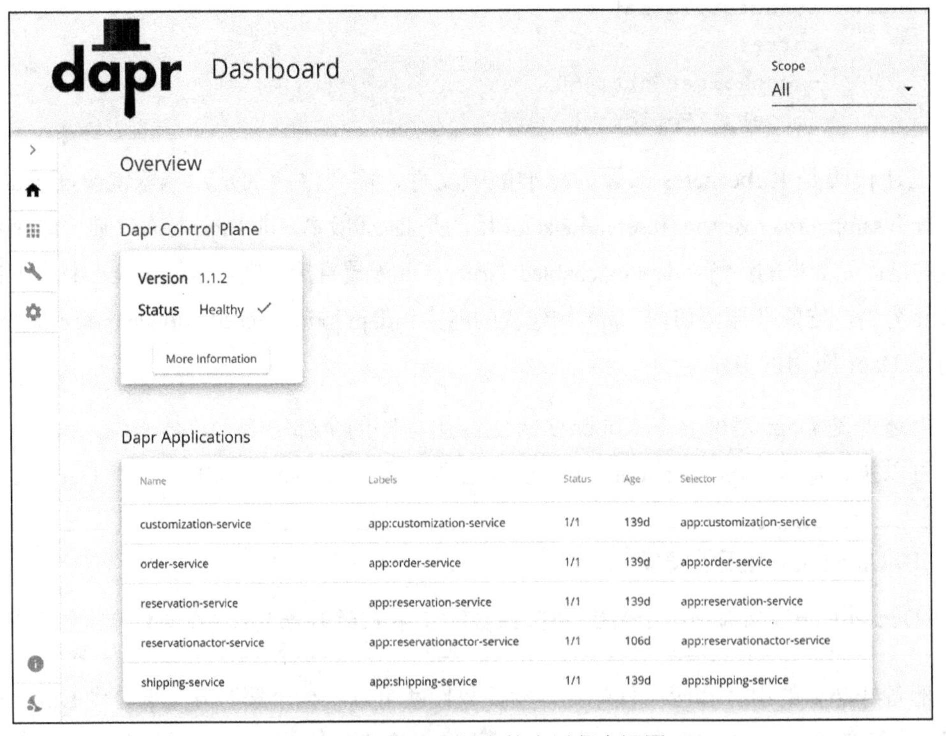

图 8.4　Dapr 仪表板中的应用程序视图

在图 8.4 中，可以看到可用的 Dapr 应用列表——它们按应用程序 ID 顺序显示。

在 Dapr 仪表板中可以查看正在运行的组件，如图 8.5 所示。

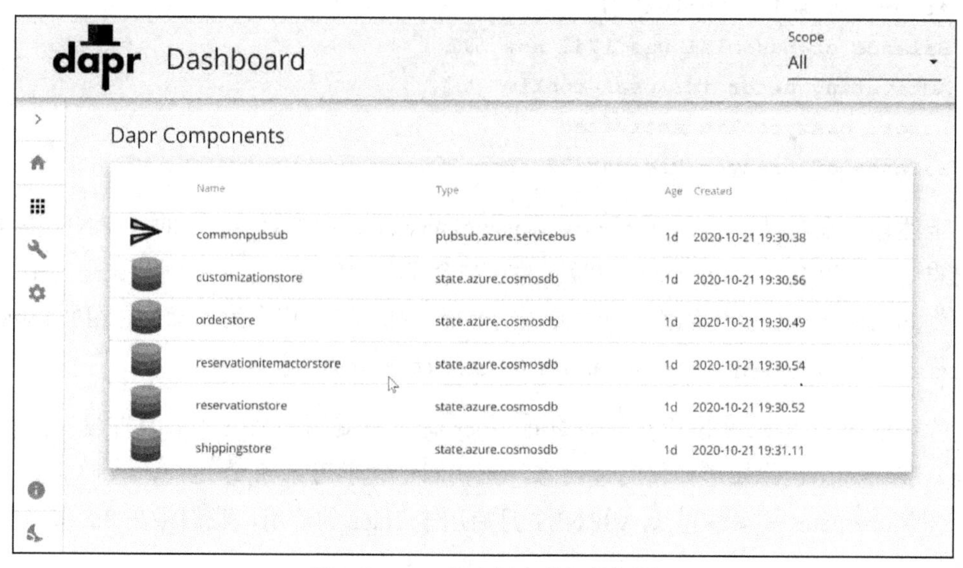

图 8.5　Dapr 仪表板中的组件视图

在进入 8.5 节之前，我们需要检查一下 Dapr 应用的输出。

运行命令 kubectl logs -f，我们可以获取应用程序和容器的输出日志。输出日志与我们在本地开发环境中运行 Dapr CLI 获取的日志是相似的：

```
PS C:\Repos\dapr-samples\chapter08> kubectl logs -l
app=reservationactor-service -c reservationactor-service
--namespace default -f
Hosting environment: Production
Content root path: /app
Now listening on: http://[::]:80
Application started. Press Ctrl+C to shut down.
Activating actor id: rockiecookie
Actor: rockiecookie Activated
Balance of rockiecookie was 324, now 320
Activating actor id: bussola8
```

```
Actor: bussola8 Activated
Balance of bussola8 was 557, now 564
Activating actor id: bussola1
Actor: bussola1 Activated
Balance of bussola1 was 174, now 172
Activating actor id: crazycookie
Actor: crazycookie Activated
Balance of crazycookie was 32, now 30
```

上述输出来自对 Dapr 应用 reservationactor-service 相应部署 pod 中的 ASP.NET 容器。在日志中，可以看到 Dapr actor 被激活并且剩余库存的数量完成了更新。这是一个订单提交到 order-service 应用程序后的结果，这个行为激活了我们在第 5 章中介绍的 saga 编排进程，从而帮助其完成对 reservationactor-service 服务的访问。

你可能感到困惑，测试用户如何访问 order-service 暴露的 API 呢？目前没有人可以访问！我只是想让你知道如何阅读日志。在我们继续学习第 9 章之前，我们需要了解如何在 Kubernetes 中暴露基于 ASP.NET 且启用了 Dapr 的应用，我们将在 8.5 节中执行此操作。

8.5　将 Dapr 应用暴露给外部客户端

在将 Biscotti Brutti Ma Buoni 后端解决方案部署到 Kubernetes 中后，我们就已经正确配置所有的 Dapr 组件和应用了。然而，如果不正确配置入口，那么任何外部调用都无法访问所有服务的 API。

我们的目标是将 Dapr 应用的 ASP.NET 终端暴露给外部客户端。从 order-service 开始配置，客户机器便可以访问 API/order 了。图 8.6 展示了我们正在努力实现的目标。

图 8.6 描述了 Kubernetes 中主要的 Dapr 服务和 Dapr 应用，它们被表示为包含了 ASP.NET 容器、服务代码和 Dapr sidecar 的 pod。

我们需要为 Kubernetes 配置 **Ingress Controller**（IC，入口控制器），本示例程序将使用 **NGINX**。

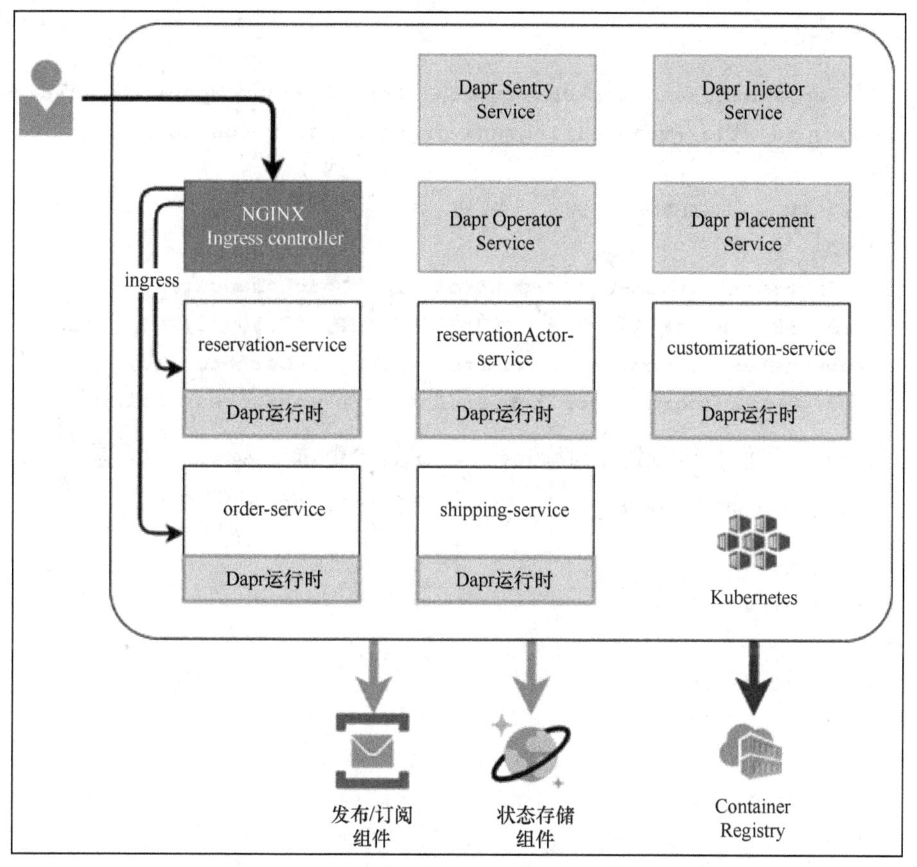

图 8.6 Kubernetes 中部署的主要 Dapr 服务和应用

使用 Dapr 进行 API 管理

Dapr 提供了与 Azure API Management 集成的强大功能。这种方式没有采用与 NGINX 一样通用的 IC，而是由 Azure API Management 的自托管网关组件运行在 Kubernetes 的 pod 上，直接与 Dapr 集成，并通过 Azure API Management 仪表板进行管理。

推荐阅读微软官方网站上的文章“API Management Dapr integration policies”来研究这个暴露 Dapr 内置 API 的选项。

为了方便使用，文件 Deploy\deploy-ngnix.ps1 包含了所有步骤：通过 Helm chart 来安装 Nginx IC，并为示例解决方案创建 ingress。

运行以下命令，我们可以验证 IC 是否准备就绪并记录其公有 IP 地址（下面代码中的 xy.zk.173.148）：

```
PS C:\Repos\dapr-samples\chapter08> kubectl --namespace default get
services -o wide -w nginx-ingress-ingress-nginx-controller
NAME                                          TYPE
CLUSTER-IP    EXTERNAL-IP     PORT(S)                         AGE
SELECTOR
nginx-ingress-ingress-nginx-controller        LoadBalancer
10.0.25.158   xy.zk.173.148   80:30883/TCP,443:30523/TCP     113s
app.kubernetes.io/component=controller,app.kubernetes.io/
instance=nginx-ingress,app.kubernetes.io/name=ingress-nginx
```

IC 部署后，我们必须为服务创建 ingress。通过检查 order-service 的配置文件 Deploy\service.sample.microservice.order.yaml，我们可以查看 Service 的配置：

```
apiVersion: v1
kind: Service
metadata:
  name: order-service
  namespace: default
spec:
  type: ClusterIP
  ports:
  - port: 80
  selector:
    app: order-service
```

order-service 相应 ingress 的配置在文件 Deploy\ingress-order.yaml 中，内容如下：

```
apiVersion: networking.k8s.io/v1beta1
kind: Ingress
metadata:
  name: order-service-ingress
  namespace: default
  annotations:
    nginx.ingress.kubernetes.io/ssl-redirect: "false"
    nginx.ingress.kubernetes.io/use-regex: "true"
    nginx.ingress.kubernetes.io/rewrite-target: /$1
spec:
```

```
  ingressClassName: nginx
  rules:
  - http:
      paths:
      - path: /bbmb/(order)
        backend:
          serviceName: order-service
          servicePort: 80
```

从这两个配置可以看出，nginx 类的 ingress 资源中有一个名为 order-service 的 service 配置路径。

到目前为止，所有为 Dapr 应用 order-service 所做的配置也要应用在 reservation-service 中。

可以通过运行以下命令将配置应用到 Kubernetes 中：

```
kubectl apply -f .\Deploy\service.sample.microservice.order.yaml
kubectl apply -f .\Deploy\service.sample.microservice.reservation.yaml
```

现在，我们可以从 Azure 门户中查看图 8.7 所示的界面。

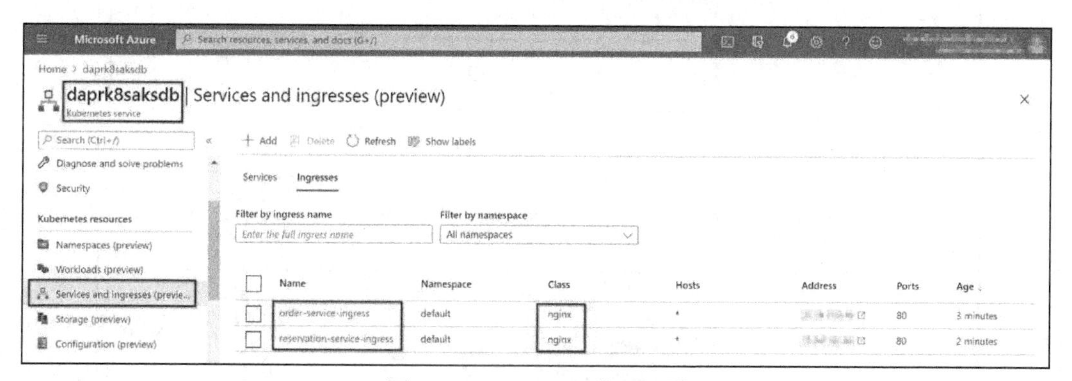

图 8.7　AKS ingress 资源视图

在图 8.7 中，可以看到两个 nginx 类的 ingress 资源——order-service-ingress 和 reservation-service-ingress。虽然我混淆了部署的地址，但如预期一致，它与 ingress controller 的地址是一致的。

我们必须通过 curl 或者 VS Code 插件访问 HTTP 端点来手动测试入口，命令如下：

```
GET http://<omitted>.< omitted>.cloudapp.azure.com/bbmb/balance/
crazycookie HTTP/1.1
###
POST http://<omitted>.<omitted>.cloudapp.azure.com/bbmb/order HTTP/1.1
content-type: application/json
... JSON payload ...
```

完成 IC 和 ingress 的配置之后，我们就能如愿地在外部访问 ASP.NET 端点了。尽管如此我们必须为需要公开的每一个 Dapr 应用配置相应的服务。

将 NGINX（或其他 IC）与 Dapr 结合使用会给我们带来一种有趣的替代方法，如图 8.8 所示。

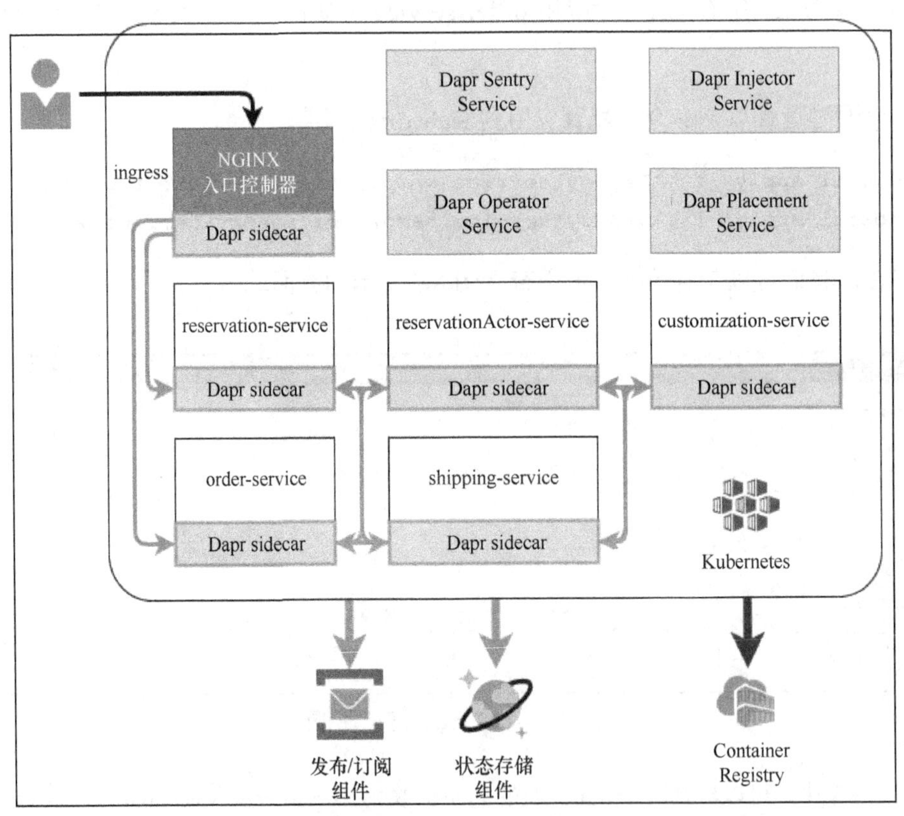

图 8.8　在部署中启用了 Dapr 的 NGINX IC

对比图 8.7 和图 8.8 后，可以看出 IC 的变化。由于它现在是一个名副其实的 Dapr 应用，而且具有本地 Dapr sidecar，因此它可以通过 Dapr sidecar 访问其他 Dapr 应用，无须再为 Dapr 应用配置 Kubernetes 服务。

使用 Deploy\nginx-dapr-annotations.yaml 文件提供的配置，我们可以利用 Dapr 特定的注解来影响 NGINX IC 的部署。代码如下：

```
controller:
  podAnnotations:
    dapr.io/enabled: "true"
    dapr.io/app-id: "nginx-ingress"
    dapr.io/app-protocol: "http"
    dapr.io/app-port: "80"
    dapr.io/log-level: "info"
dapr.io/config: "tracing"
```

上述配置文件可以用来部署 NGINX IC，代码如下：

```
helm install nginx-ingress ingress-nginx/ingress-nginx `
    --namespace default `
    -f .\Deploy\nginx-dapr-annotations.yaml `
    --set controller.replicaCount=2 `
    --set controller.service.annotations."service\.beta\.
kubernetes\.io/azure-dns-label-name"="<omitted>"
```

为了方便使用，文件 Deploy\deploy-nginx-dapr.ps1 包含了所有步骤：通过 Helm chart 和 Dapr 来安装 Nginx IC，并为示例的解决方案创建 ingress。

NGINX IC 部署成功后，IC 所在的 pod 就已经注入了 Dapr sidecard 容器。现在，我们可以在不需要创建额外服务的情况下配置 ingress。代码如下：

```
apiVersion: networking.k8s.io/v1beta1
kind: Ingress
metadata:
  name: balance-dapr-ingress
  namespace: default
  annotations:
    nginx.ingress.kubernetes.io/ssl-redirect: "false"
    nginx.ingress.kubernetes.io/use-regex: "true"
    nginx.ingress.kubernetes.io/rewrite-target: /v1.0/invoke/
reservation-service/method/balance/$1
```

```
spec:
  ingressClassName: nginx
  rules:
  - http:
      paths:
      - path: /(balance)/(.*)
        backend:
          serviceName: nginx-ingress-dapr
          servicePort: 80
```

支持 Dapr 的 NGINX IC ingress 配置的主要区别在于它的后端：我们使用 Dapr 为每个有注解的应用自动创建服务，在这个例子中称为 nginx-ingress-dapr。

rewrite-target 注解让我们有机会在调用 Dapr sidecar 之前使用自己习惯的 Dapr 模式正确重写一个 URL，同时公开一个易于使用的 URL。

我们可以通过 curl 或者 VS Code 插件访问 HTTP 端点来手动测试入口，命令如下：

```
GET http://<omitted>.< omitted>.cloudapp.azure.com/balance/
crazycookie HTTP/1.1
###
POST http://<omitted>.<omitted>.cloudapp.azure.com/order HTTP/1.1
content-type: application/json
... JSON payload ...
```

由此可见，我们已经验证了新的 ingress 处于正常工作状态。为了进一步理解这种 NGINX 和 Dapr 一起使用的方式与之前经典的 NGINX 方式之间的区别，可以删除 order-service 和 reservation-service 这两个 Kubernetes 服务，它们分别被 order-service-ingress 和 reservation-service-ingress 这两个 ingress 使用。例如，我们可以看到对 http://<omitted>.<omitted>.cloudapp.azure.com/balance/crazycookie 路径的请求不受影响，并将通过支持 Dapr 的 NGINX IC 到达 Dapr 服务，而对 http://<omitted>.<omitted>.cloudapp.azure.com/bbmb/balance/crazycookie 等路径的请求将失败，因为入口规则无法再到达内部暴露的 Kubernetes 服务。

通过带有 Dapr 的 ingress controller 的替代方法，我们已经成功地暴露了 Dapr 应用，而且减少了工作量，因为不需要配置额外的 Kubernetes 服务。我们还了解到，当将 Dapr 注入一个现有的应用程序（比如 NGINX）中时，它的功能多么强大。

8.6 小结

本书通过前面的内容介绍了一个虚构的电子商务网站 Biscotti Brutti Ma Buoni 并为多个微服务构建了原型。在此过程中，我们了解了 Dapr 构建块如何赋能开发者，通过不同的编程语言和编程平台加速微服务架构应用程序的开发与部署。

在前面的内容中我们专注于 Dapr 的构建块以及如何以合理方式组合它们，使其始终运行在本地开发环境中。我们依靠 Dapr 的自托管模式来测试和调试微服务代码。

在本章中，我们终于转变了方向，朝着将 Dapr 应用部署到生产环境的方向迈进，例如 Kubernetes 集群等。我们学习了如何在 Kubernetes 中配置 Dapr，如何处理 secret 和组件，如何部署应用程序和配置 ingress 等。

虽然我们通过跟踪服务和 pod 的日志来验证 Dapr 应用是否已经正确配置和操作，但我们还没开始研究 Dapr 的追踪能力。当我们准备解决方案以使其可以投入生产时，需要一种组织良好且结构化的监控方法，这就是第 9 章将要介绍的内容。

第9章 追踪 Dapr 应用

在本章中，你将通过探索以下内容来了解 Dapr 及其应用的可观测性：traces（追踪）、logs（日志）和 metrics（指标）是如何产生的；如何使用 Zipkin、Prometheus 和 Grafana 在 Dapr 中进行分析。本章涵盖的主题如下：

- 观测 Dapr 中的应用；
- 使用 Zipkin 进行追踪；
- 使用 Prometheus 和 Grafana 分析指标。

在开发 Dapr 应用期间，对于使用 Dapr 自托管模式的情况，可以选择直接访问 Dapr sidecar 进程和应用程序进程输出到仪表板的日志，此外还可以使用 **VS Code** 调试服务代码。

然而，在 Dapr 的 Kubernetes 部署模式中，由于多节点集群的复杂性和生产环境的限制，因此获取日志的方法将有所不同。

9.1 技术要求

示例程序的代码可以按照本书的“资源与支持”的说明去下载。本节的示例程序的代码在压缩包的 chapter09 文件夹中。

在本章中，脚本和代码文件统一存放在目录<repository path>\chapter09\中。我的本地目录是 C:\Repos\dapr-samples\chapter09。

请参考 1.4 节配置开发 Dapr 和运行示例程序需要的工具。

本章示例程序的实践将运行在第 8 章中已设置和配置好的 Kubernetes 中：参考该章以实现相同的配置。

9.2　观测 Dapr 中的应用

因为单体应用一般由少量的组件组成，运行在有限数量的节点上，所以了解它的行为方式是一项相对简单的任务。在这种情况下，通过监控一个或两个节点上部分进程的活动来提高可用性，以及监控它们对节点的**中央处理器**（Central Processing Unit，CPU）和内存随着时间推移的使用情况，我们可以很好地了解应用的行为。应用的日志文件会存放在节点上，而且可以通过使用任何经典的监控解决方案来收集这些文件。

然而，一旦工作组件的数量急剧增加，并且需要利用微服务来打造业务能力而获得优势时，应用的复杂性也会随之增加。所以我们需要监控更多的进程，而且进程之间很可能相互关联，甚至可能依赖外部组件：正如本书所介绍的，微服务通常通过服务间调用或**发布/订阅**来协作，并且依赖于状态存储。

复杂性的增长并不止于此：构成解决方案的微服务的生命周期更短，或许可以通过扩展微服务示例来满足当前负载的需求。

微服务解决方案不一定需要更多节点来运行：这里的目标不是让成本变得更高。另外，由于在由许多自修复节点组成的基础设施上运行，因此我们的解决方案可能会获得显著优势。

此外，Docker 的开发和部署方法可以为我们提供更大的灵活性，但 Docker 在节点和代码之间添加了一个抽象层。

如果只是查看节点的指标，我们很难了解应用的大部分行为。

应用复杂性的增加（必要的和受欢迎的）将会产生对微服务可观察性的需求：希望能够从不同进程中收集新的应用和现有应用的 metrics（指标）、logs（日志）和 traces（追踪），这些进程运行在数量不断变化的主机（节点和容器）中，进而将收集到的每个信号与其他信号关联起来，最终形成一个客户端请求或作业的完整视图。

第 5 章介绍的 saga 设计模式的简化版流程图如图 9.1 所示。

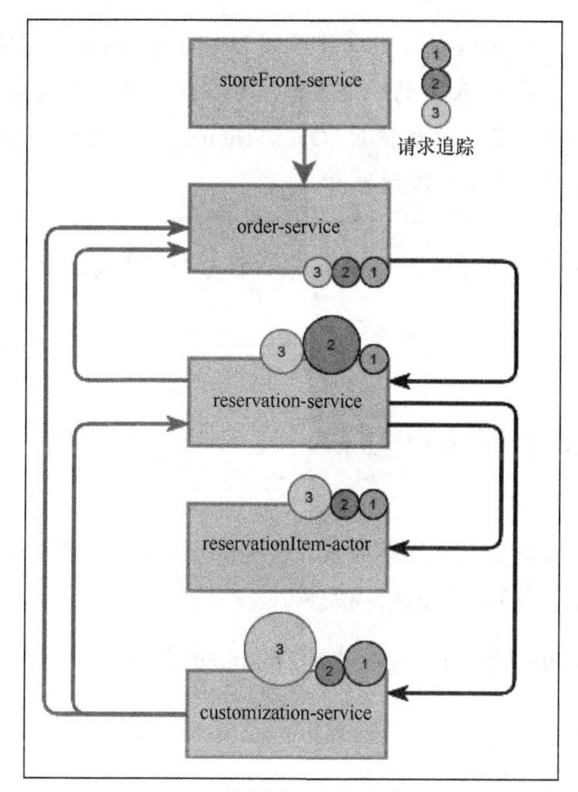

图 9.1 saga 设计模式的简化版流程图

在图 9.1 中，当通过将工作分配给多个微服务来处理多个请求时，我们该如何了解哪些请求需要更多时间来执行？我们该如何解释微服务和状态存储之间的交互？简单来说，可观测性的目标将清楚地展示哪个请求（1、2 或 3）消耗的资源最多。

Dapr 通过自动关联请求的追踪来支持分布式追踪，因为请求横跨了 Dapr 运行时、服务代码以及 Dapr 服务和组件之间的边界。

由于 Dapr 是一个运行时，因此你只需要配置追踪并确定将追踪导出到哪里，就大功告成了——无须安装和维护框架或包。

Dapr 还暴露了整个 Dapr 基础设施的指标，涉及从 sidecar 容器中的运行时到系统服务，我们可以全面地了解 Dapr 如何在 Kubernetes（或自托管）环境中运行。

> **重要提示：**
>
> Dapr 采用 OpenTelemetry 收集器（请参阅 OpenTelemetry 网站以了解更多信息）。OpenTelemetry 收集器是 CNCF 的一个项目，旨在促进与用于追踪、度量指标和处理日志的框架与工具的集成。通过使用 OpenTelemetry 收集器，Dapr 可以将集成了 OpenTelemetry 的后端和平台的追踪导出。

在 9.3 节中，我们将通过设置 Zipkin 来看看分布式追踪是如何帮助我们了解 Dapr 应用的执行情况的。

9.3　使用 Zipkin 进行追踪

Zipkin 是一个开源的分布式追踪系统。它提供了按 ID、服务、操作或标签搜索追踪的能力，并且能够显示服务之间的依赖关系。

以下是在 Kubernetes 上的 Dapr 中设置 Zipkin 的步骤：

1. 设置 Zipkin；
2. 配置 Zipkin 进行追踪；
3. 在 Dapr 中启用追踪；
4. 使用 Zipkin 追踪。

我们从在第 8 章配置的集群中安装 Zipkin 开始。

9.3.1　设置 Zipkin

Zipkin 以 Docker 容器的形式进行分发。你可能已经在本地开发环境中安装了它，因为它一般随着 Dapr 默认安装。

可以通过 Deploy\zipkin.yaml 文件将 Zipkin 部署到 Kubernetes。zipkin.yaml 文件的内容如下：

```
apiVersion: apps/v1
kind: Deployment
metadata:
    name: zipkin
    labels:
        app: zipkin
spec:
    replicas: 1
    selector:
        matchLabels:
            app: zipkin
    template:
        metadata:
            labels:
                app: zipkin
        spec:
            containers:
            - name: zipkin
              image: openzipkin/zipkin
              ports:
              - containerPort: 9411
---
apiVersion: v1
kind: Service
metadata:
    name: zipkin
    namespace: default
    labels:
        app: zipkin
spec:
    type: ClusterIP
    ports:
    - protocol: TCP
      port: 9411
```

```
        targetPort:  9411
    selector:
        app:  zipkin
```

在上面的代码中，Zipkin 部署在端口 9411 暴露 openzipkin/zipkin 容器，并创建具有相同端口的服务端点。这对于其他 pod 通过它的服务名称去访问它是必要的。

可以使用以下命令将配置应用于 Kubernetes：

```
kubectl  apply  -f  .\Deploy\zipkin.yaml
```

要在 Kubernetes 上访问 Zipkin，有两个选择：一是，因为已经在集群中配置了 NGINX 入口控制器，所以可以创建一个到 Zipkin 服务的入口，并且只允许客户端的 **IP** 地址访问它的路径；二是，可以使用 kubectl 的端口转发命令，如下：

```
kubectl  port-forward  svc/zipkin  9412:9411
```

通过命令 kubectl port-forward，可以将开发环境中的本地端口映射到 Kubernetes 上的服务（也可以是 pod）。由于这里在本地开发环境中配置了 Zipkin，因此可以将本地端口 9412 映射到 Kubernetes 中名为 zipkin 的服务的端口 9411。

如果现在通过 http://localhost:9412/访问 Zipkin 门户，该门户中应该是没有数据的，因为这里还没有进行 Zipkin 追踪配置。9.3.2 节将介绍相关操作。

9.3.2　配置 Zipkin 进行追踪

前面内容已介绍了如何安装 Zipkin，接下来开始配置 Dapr，以便将所有分布式追踪发送给 Zipkin。

文件\Deploy\configuration-zipkin.yaml 包含一个能够满足我们需求的 Dapr 配置，代码如下：

```
apiVersion:  dapr.io/v1alpha1
kind:  Configuration
metadata:
    name:  tracing
    namespace:  default
```

```
spec:
    tracing:
        samplingRate:  "1"
        zipkin:
            endpointAddress: "http://zipkin.default.svc.
cluster.local:9411/api/v2/spans"
    mtls:
        enabled:  true
        workloadCertTTL:  24h
        allowedClockSkew:  15m
```

上面的代码配置了 samplingRate：当值大于 0 时，启用追踪；当值等于 1 时，对所有追踪进行采样。你可以查看 Dapr 网站上的文章“Overview of Dapr configuration options”以了解更多信息。

此外，在 zipkin 字段中，我们需要将 endpointAddress 配置为指向之前部署在 Kubernetes 中的 Zipkin 内部服务。

可以使用以下命令应用配置：

```
kubectl  apply  -f  .\Deploy\configuration-zipkin.yaml
```

上述命令定义了一个以 Zipkin 作为追踪目的地的 Dapr 配置；接下来将在所有 Dapr 应用中启用此配置。

9.3.3 在 Dapr 中启用追踪

在这个阶段中，Zipkin 正在 Kubernetes 中工作，而 Dapr 则被配置为向其输出分布式追踪。作为最后一步，我们需要在 Dapr 应用中启动追踪流。

我们现在需要使用新的配置来更新 Dapr 应用，代码如下：

```
apiVersion:  apps/v1
kind:  Deployment
metadata:
    name:  reservation-service
    namespace:  default
```

```
    labels:
        app:  reservation-service
spec:
    …此处省略…
    template:
        metadata:
            labels:
                app:  reservation-service
            annotations:
                dapr.io/enabled:  "true"
                dapr.io/app-id:  "reservation-service"
                dapr.io/app-port:  "80"
                dapr.io/config:  "tracing"
…此处省略…
```

针对 dapr.io/config 注解的更改，这一操作必须复制到每个 Dapr 应用部署的.yaml 文件中，命令如下：

```
kubectl apply -f .\Deploy\sample.microservice.order.yaml
kubectl apply -f .\Deploy\sample.microservice.reservation.yaml
kubectl apply -f .\Deploy\sample.microservice.reservationactor.yaml
kubectl apply -f .\Deploy\sample.microservice.customization.yaml
kubectl apply -f .\Deploy\sample.microservice.shipping.yaml
```

Docker Hub 即用型镜像：

如第 8 章所述，每个示例程序的现成容器镜像都可以在 Docker Hub 上获得，部署脚本可以在该章介绍的工作区获得。

部署脚本和配置文件可用于支持这两个选项：使用 Azure Container Registry 中你自己的容器镜像或使用现成的容器镜像。对于后者，配置文件以.dockerhub.yaml 或.dockerhub.ps1 后缀命名。

通过命令 kubectl 可以在 Kubernetes 中重新对 Dapr 应用进行部署，并更新为新的 Dapr 配置。

Dapr 仪表板提供了配置视图，如图 9.2 所示。

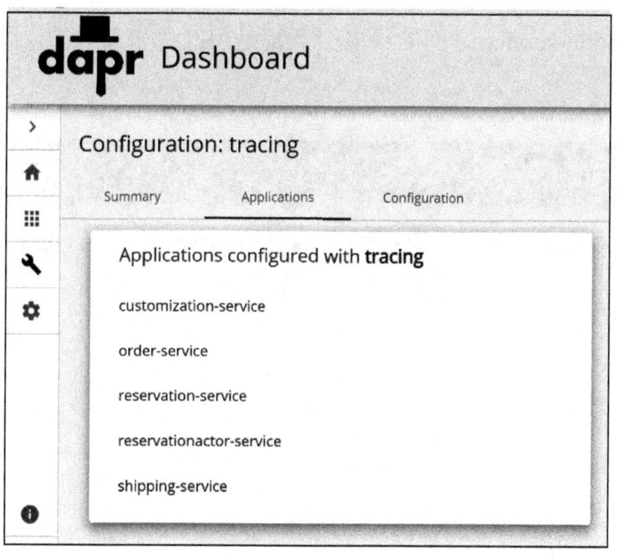

图 9.2 Dapr 仪表板

在图 9.2 中，可以看到一个名为 tracing 的配置以及配置了它的应用：我们的解决方案范围内的所有 Dapr 应用都启用了追踪。

接下来将继续学习 Zipkin 如何帮助我们理解应用的行为。

9.3.4 使用 Zipkin 追踪

可以在 Zipkin 中进行数据可视化：在 VS Code 中使用 RestClient 插件执行 order.test.http 文件。这是一个执行 HTTP 请求的简单示例方法。

通过请求 GET http://<yourAKScluster>/balance/<sku>和 POST http://<yourAKScluster>/order 几次，可以生成足够多的追踪，以便在 Zipkin 中进行检查。

接下来，我们需要在 http://localhost:9412/或端口转发技术使用的任何本地端口打开 Zipkin 门户。

在图 9.3 中，我们首先检查 Dependencies，然后选择名为 reservation-service 的服务，它在我们的解决方案的交互流中占据中心位置：我们应该有一个类似的视图，从 order-service 到 reservation-service 包含许多点（每个点都象征一个交互），从 reservation-service 到 reservationactor-service 的交互更多，而到 customization-service 的交互则更少。reservationactor-service 和 customization-service 之间的很多交互都是用红色来表示的，因此我们有理由问：这是怎么回事？

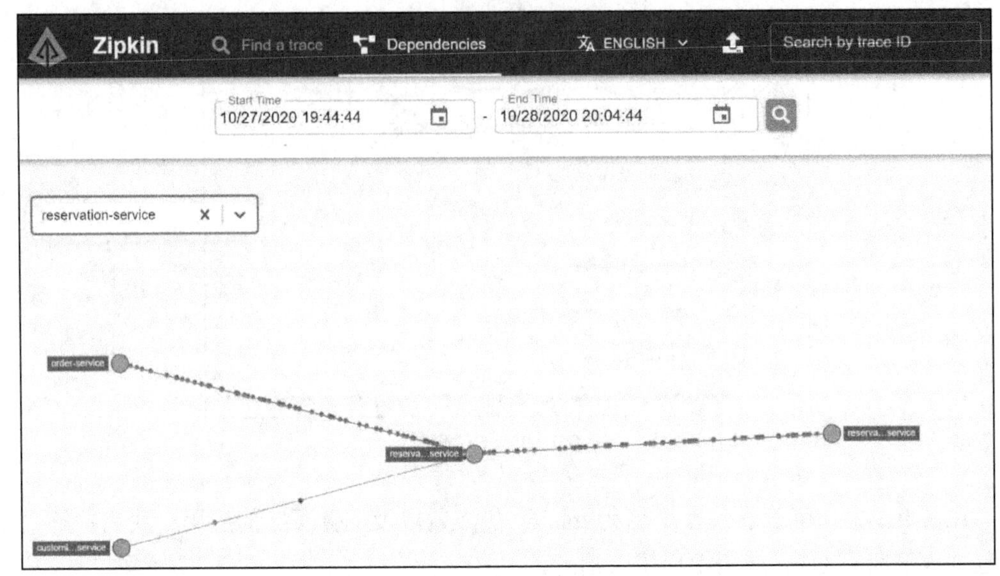

图 9.3　Zipkin 依赖项

如果使用 order.test.http 文件来模拟向 Dapr 解决方案发出的请求，我们将使用 SKU 订购并请求定制的 crazycookie 饼干。在第 5 章中，我们引入了这个固定规则（定制 crazycookie 饼干）来模拟 saga 设计模式在定制阶段发生不可恢复的错误。

在进行 Zipkin 追踪分析之前需要先澄清两个概念：span 是在组件或服务中执行的工作单元，而 **trace**（追踪）是 span 的集合，如图 9.4 所示。

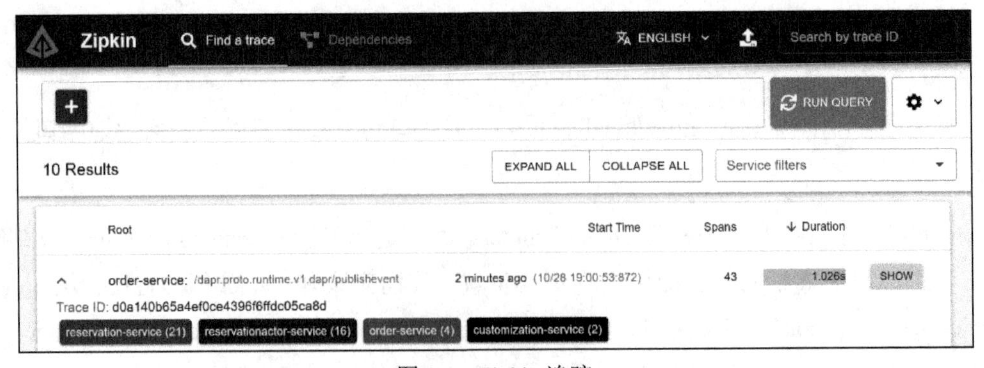

图 9.4　Zipkin 追踪

在图 9.4 中，可以看到一个来自 order-service 的追踪。将其展开后，可以发现它包括与所有其他 Dapr 应用的交互：这似乎是进一步调查的好办法。通过单击 SHOW 按钮，我们可以将 Zipkin 门户切换到追踪中所有 span 的详细视图。

经过上述操作我们应该得到图 9.5 所示的视图。

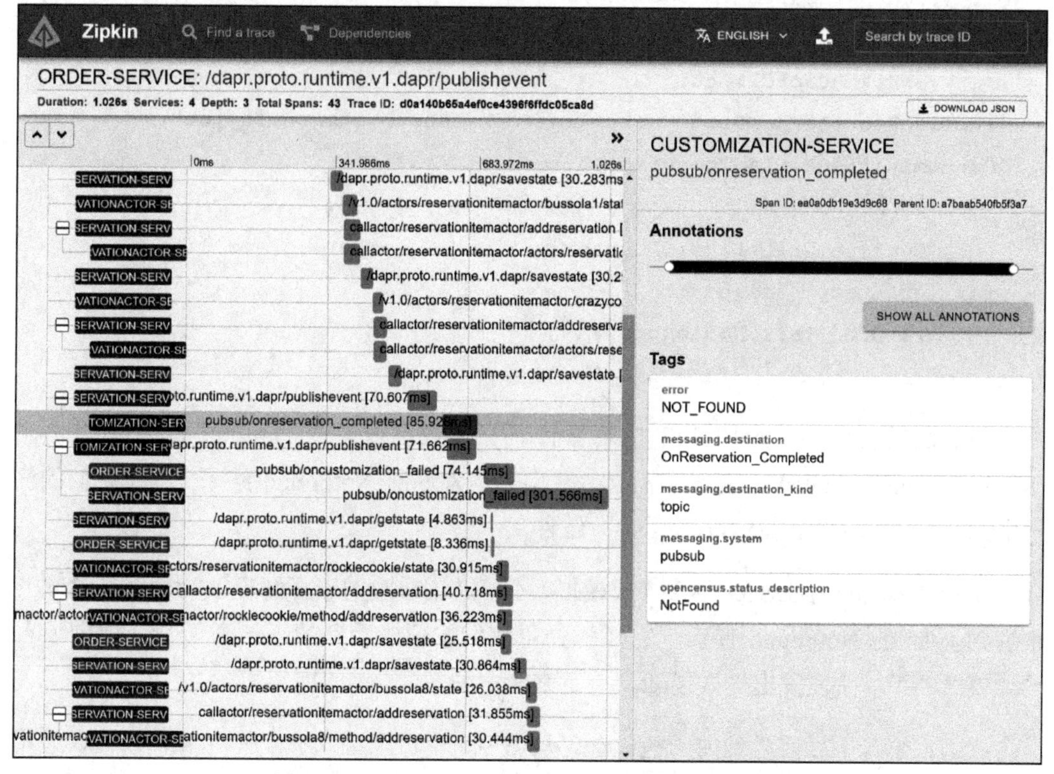

图 9.5 Zipkin 追踪：span 中的 NOT_FOUND 错误

在图 9.5 中，可以看到按顺序显示的 span 以及发起 span 的服务、操作及执行时间。

这里我们着重关注 customization-service 的 span，它将以红色表示，意为失败。

在此范围内，Dapr 报告在处理对 pubsub/OnReservation_Completed 的调用时收到类型为 NOT_FOUND 的错误。

为了理解 Dapr 和代码之间的交互，我们需要查看项目中的 ASP.NET 控制器，用于定制服务 Dapr 应用——特别是\sample.microservice.customization\Controllers\CustomizationController.cs 文件，你可以在 chapter09 文件夹中找到该文件。

检查代码，我们可以找到客户请求 SKU 为 crazycookie 的 cookie 时，customization-service 模拟错误的部分。如果 cookie 定制失败，代码会执行以下操作：

```
if (!customizedItem.Succeeded)
{
    await daprClient.
PublishEventAsync<OrderCustomization>(PubSub,common.Topics.
CustomizationFailedTopicName, result);

    Console.WriteLine($"Customization in {order.Id} of {SKU}
for {quantity} failed");
    return this.NotFound();
}
```

在上面的代码中，ASP.NET 控制器代码在通过已配置的 Dapr 发布/订阅组件向 OnCustomization_Failed 主题发布消息后，向调用者返回 NotFound 结果——在我们的例子中，它是 **Azure Service Bus**（ASB）组件。

在处理 customer-service 遇到（或模拟）不可逆错误时的选择解释了为什么在 Zipkin 中看到 span 的 NotFound 错误。它还解释了我们按顺序看到的下一个 span，即向 saga 设计模式的下一阶段发出失败通知。接下来看看图 9.6 所示的内容。

我们汇总一下目前学到的一些概念。从图 9.6 中可以看到一个使用 gRPC 协议调用 Dapr API 请求的 span：请求由 ASP.NET 的 Dapr SDK 发出，依赖于 gRPC 与 Dapr sidecar 容器进行交互。

我们现在已经学习了如何在 Dapr 应用中启用分布式追踪，以及如何配置 Zipkin 从而帮助我们了解应用程序如何处理复杂交互中的请求和事件，正如我们在 saga 示例中看到的那样。

在 9.4 节，我们将学习监控 Dapr 的所有元素，以及如何使用 Prometheus 和 Grafana 来观察它们在 Kubernetes 中消费资源。

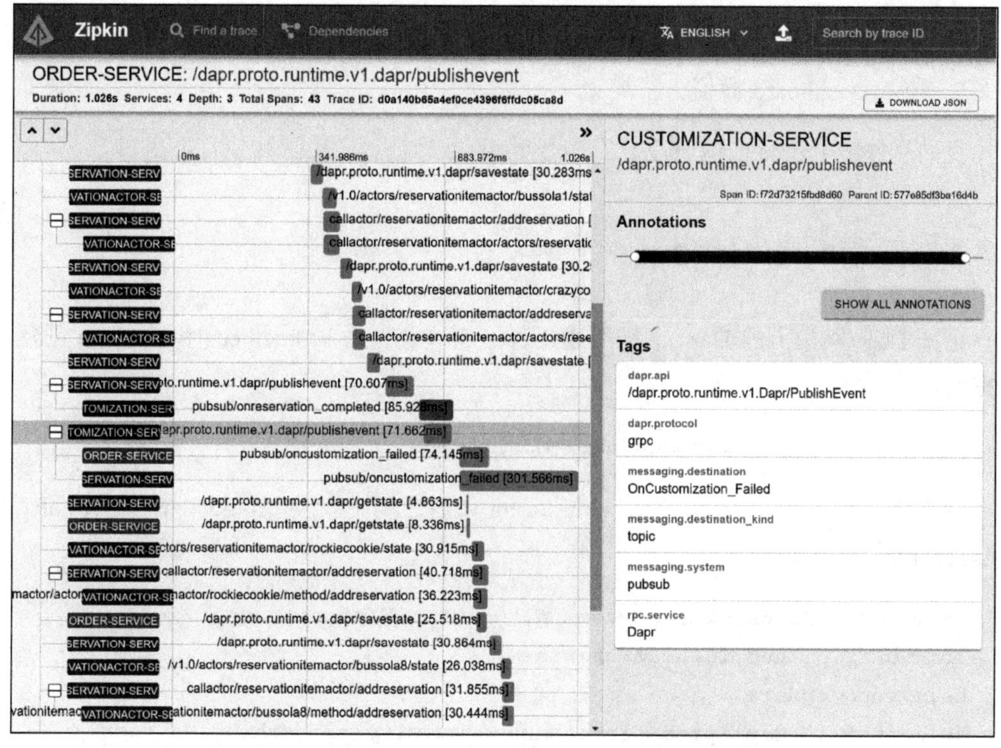

图 9.6 Zipkin 追踪：span 中的一个发布事件操作

9.4 使用 Prometheus 和 Grafana 分析指标

Prometheus 是一个开源系统和监控工具包，该项目始于 2012 年。现在它是 CNCF 的一部分。

在本节的场景中，我们将使用 Prometheus 抓取所有 Dapr pod 公开的指标并将它们存储为时间序列——这将成为 Grafana 仪表板的数据源。

Grafana 是一款开源的可视化和分析工具。我们可以通过导入 Dapr 项目发布的 Grafana 仪表板模板来检查 Dapr 指标。

以下是我们将遵循的步骤：

1. 安装 Prometheus；

2．安装 Grafana；

3．导入 Dashboard 模板。

我们从安装 Prometheus 服务组件开始讲解。

9.4.1　安装 Prometheus

正如 Dapr 网站上的 Dapr 文档所述，我们应该首先为 Prometheus 和 Grafana 创建命名空间，命令如下：

```
kubectl create namespace dapr-monitoring
```

我们将使用命令 Helm 在 dapr-monitoring 命名空间中安装 Prometheus 和 Grafana 的 Helm charts，命令如下：

```
helm repo add prometheus-community https://prometheus-
community.github.io/helm-charts
helm repo update
helm install dapr-prom prometheus-community/prometheus -n dapr-
monitoring
```

因为部署需要一些时间，所以在所有 pod 就绪之后继续执行下一个命令，如下：

```
kubectl get pods -n dapr-monitoring -w
NAME                                               READY    STATUS
dapr-prom-kube-state-metrics-7b5b859f9b-sjn5x      1/1      Running
dapr-prom-prometheus-alertmanager-676c85b59-58n77  2/2      Running
dapr-prom-prometheus-node-exporter-6tt72           1/1      Running
dapr-prom-prometheus-node-exporter-9n8xf           1/1      Running
dapr-prom-prometheus-node-exporter-k6bpm           1/1      Running
dapr-prom-prometheus-pushgateway-d5d9dbbfc-7cpj6   1/1      Running
dapr-prom-prometheus-server-57fbcb9446-8r6rv       2/2      Running
```

Prometheus pods 现在正在运行。我们在转到 Grafana 之前需要继续收集 Prometheus 服务地址的信息，命令如下：

```
kubectl get svc -n dapr-monitoring
NAME                                 TYPE          CLUSTER-IP
```

```
dapr-prom-kube-state-metrics          ClusterIP   10.0.176.113
dapr-prom-prometheus-alertmanager     ClusterIP   10.0.122.126
dapr-prom-prometheus-node-exporter    ClusterIP   None
dapr-prom-prometheus-pushgateway      ClusterIP   10.0.219.150
dapr-prom-prometheus-server           ClusterIP   10.0.222.218
```

该服务名为 dapr-prom-prometheus-server，我们将在 9.4.2 节中使用此信息来配置 Grafana 数据源。

9.4.2 安装 Grafana

Dapr 网站上的文章“How-To: Observe metrics with Grafana”提供了安装 Grafana 的更多信息。具体安装命令如下：

```
helm repo add grafana https://grafana.github.io/helm-charts
helm repo update
helm install grafana grafana/grafana -n dapr-monitoring
```

当我们使用 PowerShell 时，可以通过以下命令获取 Grafana 自动生成的账号密码：

```
$base64secret = kubectl get secret --namespace dapr-monitoring
grafana -o jsonpath="{.data.admin-password}"
$password = [System.Text.Encoding]::UTF8.GetString([System.
Convert]::FromBase64String($base64secret))
$password
MIDoEFh8YtnfQLByAvG4vB1N4AVqk8I60v6jmogx
```

上述输出的最后一个值是密码——在本节的例子中，它是访问 Grafana 仪表板的密码。

我们现在可以使用端口转发将 Kubernetes 中的 Grafana 服务映射到本地端口，在本地访问 Grafana 仪表板。

9.4.3 导入 Dashboard 模板

我们可以使用以下命令从本地开发环境中访问 Grafana，将本地端口 8090（Dapr 仪表板默认使用端口 8080）映射到远程端口 80，命令如下：

```
kubectl port-forward svc/grafana 8090:80 -n dapr-monitoring
```

通过访问 http://localhost:8090/并提交登录凭据（在 9.4.2 节中获取的密码和默认用户名 admin），可以登录 Grafana。

登录 Grafana 门户之后，首先需要添加 Prometheus 数据源，从侧边栏中选择**配置**（Configuration）和**数据源**（Data Sources），如图 9.7 所示。

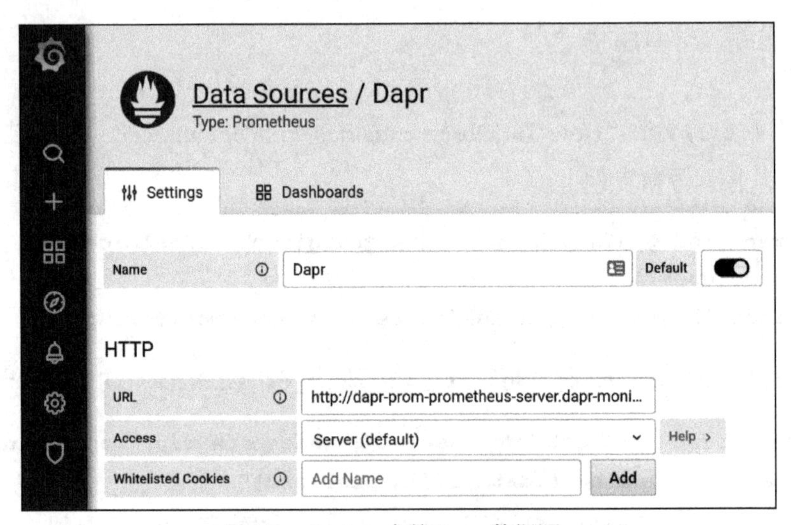

图 9.7　Grafana 中的 Dapr 数据源

如图 9.7 所示，我们在 Grafana 中添加 http://dapr-prom-prometheus-server.dapr-monitoring Prometheus 服务作为数据源，使其成为默认数据源。

我们可以导入 Dapr 提供的以下 3 个即用型仪表模板：

- grafana-system-services-dashboard.json；
- grafana-sidecar-dashboard.json；
- grafana-actor-dashboard.json。

每个 Dapr 版本的发布都会附带该版本特定的 Grafana dashboard 模板资源。

我们可以通过从侧边栏的**创建**（Create）表盘来添加这些模板，选择**导入**（Import），然后使用 URL 将其作为源来导入每个模板。

Grafana 中的 Dapr 系统服务仪表板如图 9.8 所示。

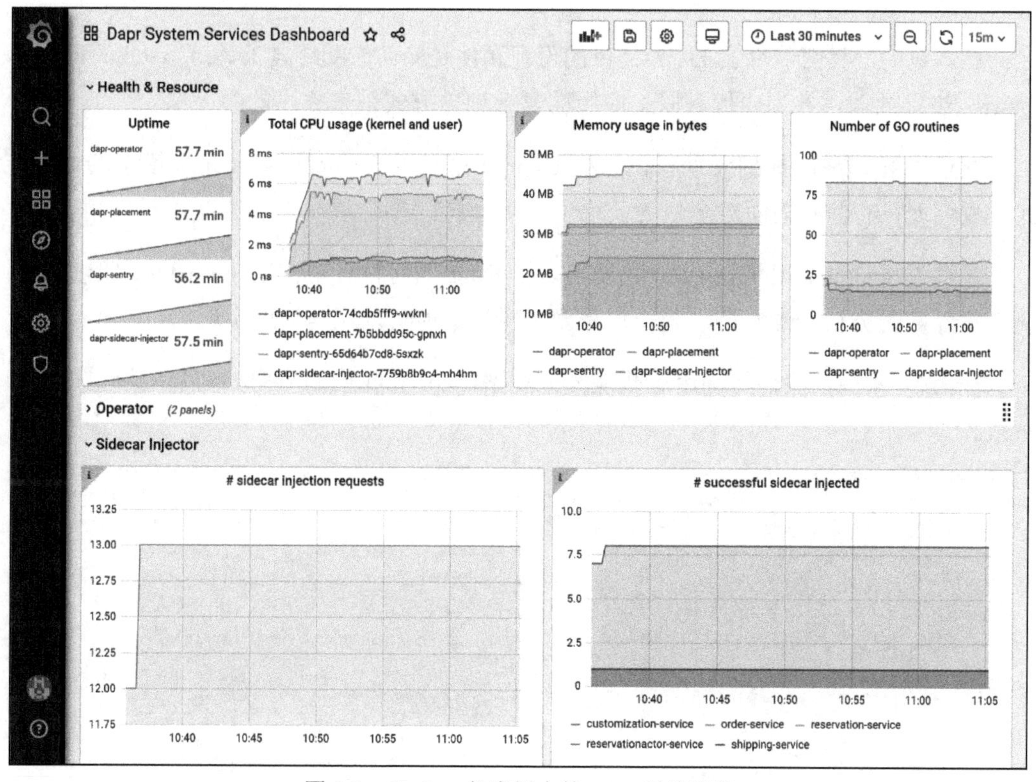

图 9.8　Grafana 仪表板中的 Dapr 系统服务

在这个阶段，随着 Prometheus 和 Grafana 的运行，我们可以开始探索 Dapr 公开的指标。在图 9.8 中，可以看到系统服务，所有 Dapr 服务使用的 CPU 和内存都分布在各个节点上，actor 和 sidecar 也有类似的视图。

由于我们的解决方案还没有被外部用户使用，因此没有太多的活动，除非我们通过向 API 发送一些请求来模拟活动。在第 10 章中，我们将使用负载测试工具来模拟更多活动。

借助 Prometheus 和 Grafana，我们全面地了解了 Dapr 在 Kubernetes 上的表现，从 sidecar 的运行时到应用 pod 以及系统服务的运行情况。

9.5 小结

在本章中，我们学习了 Dapr 提供的可观测性是如何借助经典工具对 traces、logs 和 metrics 进行处理，并为现代云原生应用的复杂编排方式带来秩序的。

通过了解 Zipkin 如何帮助我们分析 Dapr 应用在 Kubernetes 等复杂环境中的行为方式，我们现在有信心去面对全新的云原生应用世界。

通过 Prometheus 和 Grafana，我们学习了 Dapr 如何将应用在 Kubernetes 上的执行情况告知开发人员和运维人员，无论它是云实现、本地实现还是边缘实现。

在第 10 章中，我们将利用这些能力来观察 Dapr 和我们的应用如何响应繁重的用户负载。

第 10 章 负载测试和伸缩

在本章中，我们将首先学习如何在 Kubernetes 中伸缩 Dapr 应用。然后学习如何使用测试工具 Locust 模拟用户行为，并对一个 Dapr 解决方案进行负载测试。

本章涵盖的主题如下：

- 在 Kubernetes 中伸缩 Dapr 应用；
- 使用 Locust 进行负载测试；
- Dapr 应用的负载测试；
- 使用 KEDA 进行自动伸缩。

在应用开发中负载测试是非常重要的一环，它为开发人员和运维人员提供了一种科学的、以实践和工具为指导的、解决问题的方式。例如应用程序如何应对请求数量的增长？在何种负载压力下，应用的成功响应率开始下降并且响应时间开始变长？基础设施在给定的资源下针对特定的请求量能否维持稳定的性能？

这些问题从技术层面和经济层面探讨了我们的架构：在云原生架构中，运营成本是影响设计的一个因素。

10.1 技术要求

示例程序的代码可以按照本书的“资源与支持”的说明下载。本节的示例程序的代码在压缩包的 chapter10 文件夹中。

在本章中，脚本和代码文件统一存放在目录<repository path>\chapter10\中。我的本地目录是 C:\Repos\dapr-samples\chapter10。

请参考 1.4 节配置开发 Dapr 和运行示例程序需要的工具。

要实现本章的目标，你还需要完成一些额外的任务。

10.1.1　Bash

本章将使用 shell 脚本部署 Azure 资源。安装 Bash 终端的方式有多种。

第一种方式是按照微软官方网站上的文章“Install Linux on Windows with WSL”的说明，在 Windows 10 操作系统上安装 **Linux 子系统**（Windows Subsystem for Linux，WSL2）并直接使用。

第二种方式是在本地安装内置 Azure Cloud Shell 的 WSL2，并在 Azure Cloud Shell 的上下文中启动部署，如微软官方网站上的文章“Quickstart for Bash in Azure Cloud Shell”所述。

10.1.2　Python

如果你打算在本地开发机器上安装并试用 Locust，则需要安装 Python 3.6 或更高版本。

如果你的环境中尚未安装此版本，可以按照 python-guide 网站上的文章“Properly Installing Python”的指导在 Windows 操作系统中安装 Python 3。

验证 Windows 操作系统中是否安装了 Python 3 的快速方法是在 Windows 终端中输入以下命令：

```
PSC:\Repos\dapr-samples\chapter10>python--version
Python3.8.6
```

如果你决定使用 **WSL2** 中的 Python，则应遵循 python-guide 网站上的文章“Properly Installing Python”中有关在 Linux 操作系统中使用 Python 3 的说明。验证 WSL2 中是否安装了 Python 3 的快速方法是在 Windows 终端中输入以下命令：

```
master@XYZ:/c/Repos/dapr-samples/chapter10$python3--version
Python3.6.9
```

如前面的输出所示，安装在 Windows 操作系统上的 Python 3 版本可能与 WSL2 中可用的 Python 版本不同。

10.1.3 Locust

建议在本地开发机器上安装 Locust，以便在将测试脚本发布到 Locust swarm 之前对其进行验证。

Locust 的安装指南可参考 Locust 网站上的文章。

如果你决定在 Windows 操作系统上使用 Python，那么请输入以下命令以便通过 Windows 终端安装 Locust：

```
PS C:\Repos\dapr-samples\chapter10> pip3 install locust
```

你可以使用以下命令验证 Locust 的安装情况和版本：

```
PS C:\Repos\dapr-samples\chapter10> locust -V
Locust1.3.1
```

如果你决定使用 WSL2 中的 Python，则需要在 WSL2 中安装 Locust：

```
master@XYZ:/c/Repos/dapr-samples/chapter10$ pip3 install locust
```

Locust 应该安装在与 Python 相同的环境中。在 WSL2 中验证 Locust 版本的方式如下：

```
master@XYZ:/c/Repos/dapr-samples/chapter10$ locust -V
Locust1.3.1
```

接下来看看 Kubernetes 的配置。

10.1.4 Kubernetes 配置

本章的示例程序必须运行在第 8 章安装并配置好的 Kubernetes 中。请参考第 8 章的内容以确保你拥有相同的配置。

我们在第 9 章准备好的 Zipkin、Prometheus 和 Grafana 监控配置也是很有用的，当然你不需要完全遵循该章的内容。如果你想使用类似的监控能力，请参考第 9 章的内容进行配置。

10.2　在 Kubernetes 中伸缩 Dapr 应用

在单体应用的世界中，应用可用的计算和内存资源受限于运行它的主机，即虚拟机或物理节点。对此类应用来说，如何在多个主机之间平均分配请求和作业是一个巨大的挑战。它们通常采用 active/passive（主动/被动）模式，其中只有一部分已分配的资源用于应用，而其余的则被动地闲置，等主动环境失败，闲置的资源便会从被动角色切换到主动角色。

图 10.1 描述了扩展单体应用面临的挑战。

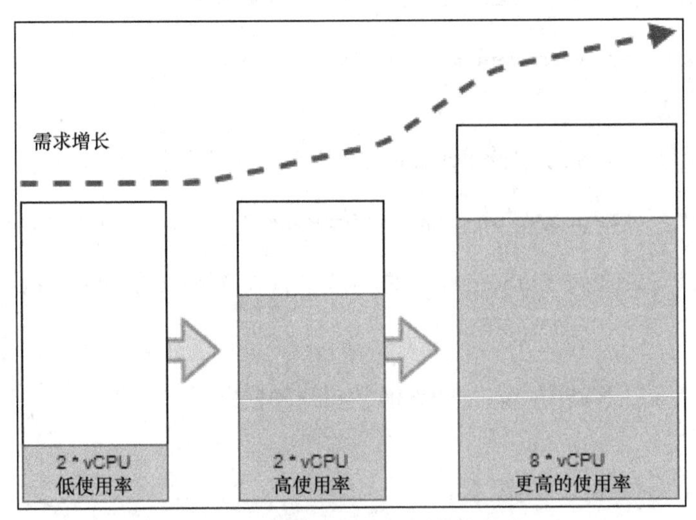

图 10.1　扩展单体应用面临的挑战

鉴于上述因素，客户端增加的请求将转化为对更多计算资源的需求。响应这些需求的办法通常是扩大资源规模。这可以通过使用性能更好的主机来完成，如图 10.1 所示。随着时间推移，这种方法无法有效地支持工作负载对资源弹性的需求。

在微服务架构的上下文中，应用被设计为由更多可以独立部署和扩展的组件构成。在任何时候，都可能有多个微服务示例在不同的主机上运行。

对于基于微服务的应用，扩展意味着通过添加或删除相关微服务的示例来响应资源需求的增加或减少。可以在 Kubernetes 中扩展微服务应用，如图 10.2 所示。

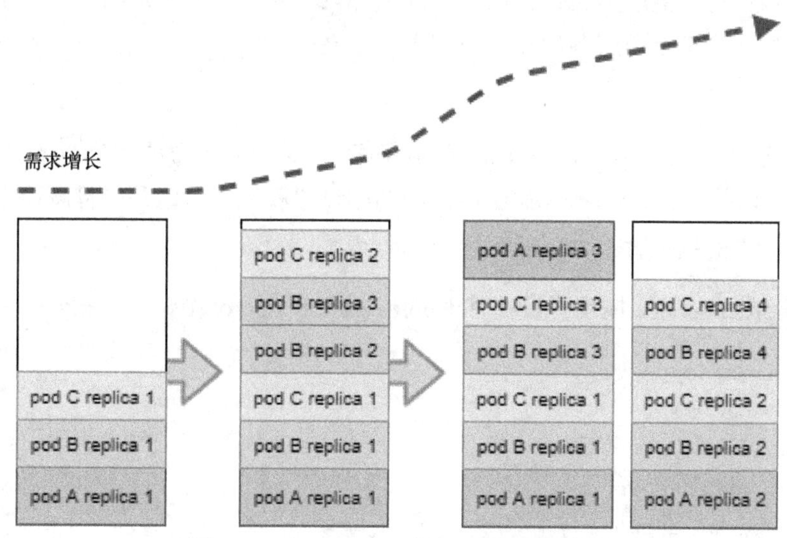

图 10.2　在 Kubernetes 中扩展微服务应用

正如我们所见，Dapr 应用以 pod 的形式执行，pod 是 Kubernetes 中最小可部署的计算单元。我们将会凭借 Kubernetes 这个强大的编排器的能力来伸缩微服务。

为了更好地继续介绍本章的内容，我们先熟悉 Kubernetes 中有关伸缩控制的概念：

- 副本；
- 自动伸缩；
- 资源请求和资源限制。

我们从探索 Kubernetes 中的副本概念开始。

10.2.1　副本

在 Kubernetes 的上下文中，扩展意味着增加 pod 实例的数量。每个 Dapr 应用（或任何打算部署在 Kubernetes 中的应用）都被配置为具有多个 **replicas**（副本）的 **deployment**（部署）：这会影响所创建的 pod 的数量，就 Dapr 应用而言，每个 pod 都包含一个运行应用的容器实例和一个 sidecar 容器实例。

Kubernetes 的好处之一是可以在应用出现错误或主机发生可用性问题的情况下快速恢复。同时我们也希望应用组件在恢复的同时还能响应用户请求。因此，在生产就绪的环境中，我们将为每个微服务创建多个副本，如果一个副本失败，另一个副本将继续响应请求。

在本章之前的实践中，我们创建的部署只有一个副本，即为每一个 Dapr 应用只创建一个 pod。这简化了在 Kubernetes 中应用的初始设置和配置，但是一旦解决方案准备好投入生产，副本的数量就不太可能继续是 1。

以下是 order-service 应用开发文件\Deploy\sample.microservice.order.yaml 的摘录：

```
apiVersion: apps/v1
kind: Deployment
metadata:
  name: order-service
  namespace: default
  labels:
    app: order-service
spec:
  replicas: 1
…此处省略…
```

请注意，replicas（副本）的值为 1。这看起来与上述“投入生产时副本的数量不太可能是 1”的结论相矛盾，这里先暂且保留这个值，后面我们将启用 Kubernetes 提供的自动伸缩机制来改变它。

10.2.2　自动伸缩

在 Kubernetes 中，可以通过以下方法手动修改一个部署的副本数量：更新部署配置，或更改支撑集群运行的节点数量。

Kubernetes 提供了 **pod 水平自动伸缩器**（Horizontal Pod Autoscaler，HPA）。HPA 能

够根据 pod 的资源使用量指标（如 CPU 使用率）自动伸缩相应部署的 pod 数量。

Kubernetes 还可以根据整个集群资源的容量和需求添加或删除集群节点。如果 CPU 资源不能满足将要启动的 pod 的需求，**Cluster Autoscaler**（CA）可以自动感知，并通过添加新节点来适应请求。

两个 Kubernetes 自动伸缩器经常协同运行：HPA 在负载增加的情况下为部署请求更多的副本，CA 则通过调整集群大小以适应 pod 的整体资源诉求。

你可以在 Kubernetes 网站上的文章“Horizontal Pod Autoscaling”中获取更多有关 Kubernetes 功能的信息。微软官方网站上的文章“Scaling options for applications in Azure Kubernetes Service (AKS)”则是从 Azure Kubernetes Service 的视角介绍了 Kubernetes 的相关信息。

为避免一次性引入过多的复杂性，本章将重点关注 HPA。微软官方网站上的文章“Autoscale pods”概述了 HPA。

下面是对每个 Dapr 应用部署进行伸缩配置的更改。首先从 order-service 的\Deploy\hpa.sample.microservice.order.yaml 文件开始：

```
apiVersion: autoscaling/v1
kind: HorizontalPodAutoscaler
metadata:
  name: order-service-hpa
  namespace: default
spec:
  maxReplicas: 4
  minReplicas: 1
  scaleTargetRef:
    apiVersion: apps/v1
    kind: Deployment
    name: order-service
  targetCPUUtilizationPercentage: 50
```

在上述配置片段中，我们配置了一个 HorizontalPodAutoscaler 资源，通过它来扩展服务 order-service 部署的副本。如果该部署所有 pod 的平均 CPU 使用率（targetCPUUtilizationPercentage）超过 50%，HPA 可将部署扩展到最大副本数，此示例程序中从最小副本数（minReplicas）1 扩展到最大副本数（maxReplicas）4，每一次只增加一个副本。

但是，我们忽略了 Dapr 应用部署的一个重要配置元素：必须指定 pod 的资源请求和限制，否则没有人能够理解它。

10.2.3　资源请求和资源限制

创建一个 pod 时，指定容器对 CPU 和内存资源的请求量与资源限制量是一个好的做法，这样有利于在 Kubernetes 中进行适当的资源规划。这也可以防止 pod 消耗完节点上的所有可用资源，进而影响解决方案中其他 pod 和运行在同一集群中的其他系统。但是，这也会为你的可用节点和工作负载引入稳定性问题。

通过设置资源请求和资源限制，我们告知 Kubernetes 集群如何正确处理工作负载以及扩展该工作负载的依据。

Dapr 应用部署的 pod 中有两个容器：一个是 Dapr sidecar，另一个是服务代码容器，它基于 ASP.NET Core 容器镜像。

对于 ASP.NET 服务代码的 CPU 和内存资源请求和资源限制，我们需要根据评估的样本做出一些初始假设。

Dapr 网站上的文章“Production guidelines on Kubernetes”提供了关于生产环境中 Dapr sidecar 容器的资源配置建议。

这些设置可以作为 annotation（注解）应用于 Dapr 应用的部署配置中。\Deploy\sample.microservice.order.yaml 文件中高亮的内容用于配置 order-service 的资源请求和限制片段如下：

```
apiVersion: apps/v1
kind: Deployment
metadata:
  name: order-service
  namespace: default
  labels:
    app: order-service
```

```
spec:
  replicas: 1
  selector:
    matchLabels:
      app: order-service
  template:
    metadata:
      labels:
        app: order-service
      annotations:
        dapr.io/enabled: "true"
        dapr.io/app-id: "order-service"
        dapr.io/app-port: "80"
        dapr.io/config: "tracing"
        dapr.io/log-level: "info"
        dapr.io/sidecar-memory-request: "250Mi"
        dapr.io/sidecar-cpu-request: "100m"
        dapr.io/sidecar-memory-limit: "4000Mi"
        dapr.io/sidecar-cpu-limit: "1"
        dapr.io/sidecar-liveness-probe-period-seconds: "20"
        dapr.io/sidecar-readiness-probe-period-seconds: "20"
    spec:
      containers:
      - name: order-service
        image: daprk8scrdb.azurecr.io/
         sample.microservice.order:latest
        ports:
        - containerPort: 80
        imagePullPolicy: Always
        resources:
          limits:
            memory: "800Mi"
            cpu: "400m"
          requests:
            memory: "200Mi"
            cpu: "100m"
```

使用注解 dapr.io/sidecar-memory-request 和 dapr.io/sidecar-cpu-request，指定 order-service 的 pod 中的 Dapr sidecar 容器应该首先请求 250MB 的内存和 100m 的 CPU（0.1vCPU）。

服务代码容器正在使用<你的 ACR 仓库名称>.azurecr.io/sample.microservice.order:latest 镜像，它的运行服务代码正在请求 100MB 的内存和 100m 的 CPU。

Dapr sidecar 的资源限制量比服务代码高得多，因为它将为我们的应用处理大部分输入/输出操作。

有关 Kubernetes 中使用的计量单位的更多信息，请参阅 Kubernetes 网站上的文章“Resource Management for Pods and Containers”。

完成上述操作后，我们可以在集群中应用以下配置：

```
kubectl apply -f .\Deploy\sample.microservice.order.yaml
kubectl apply -f .\Deploy\sample.microservice.reservation.yaml
kubectl apply -f .\Deploy\sample.microservice.reservationactor.yaml
kubectl apply -f .\Deploy\sample.microservice.customization.yaml
kubectl apply -f .\Deploy\sample.microservice.shipping.yaml
kubectl apply -f .\Deploy\hpa.sample.microservice.order.yaml
kubectl apply -f .\Deploy\hpa.sample.microservice.reservation.yaml
kubectl apply -f .\Deploy\hpa.sample.microservice.reservationactor.yaml
kubectl apply -f .\Deploy\hpa.sample.microservice.customization.yaml
kubectl apply -f .\Deploy\hpa.sample.microservice.shipping.yaml
```

通过前面的命令，我们将上述更改应用于所有的应用部署。

运行以下命令，可以验证 Dapr 应用部署的 Horizontal Pod Autoscaler 是否已配置：

```
kubectl get hpa
NAME                              REFERENCE
TARGETS    MINPODS    MAXPODS    REPLICAS    AGE
customization-service-hpa         Deployment/customization-
service       13%/50%    1          4          1           2m21s
order-service-hpa                 Deployment/
order-service                 15%/50%    1          4
1           2m28s
reservation-service-hpa           Deployment/reservation-
service       14%/50%    1          4          1           2m25s
reservationactor-service-hpa      Deployment/reservationactor-
```

```
service    20%/50%    1          4          1           2m23s
shipping-service-hpa               Deployment/shipping-service
3%/50%     1          4          1          2m18s
```

HPA 能够分析部署中所有 pod 使用的资源。一旦它检测到平均 CPU 使用率超过配置的阈值，就会触发增加副本的操作。

我们在下一个配置中设置的负载测试将触发 HPA 机制。

10.3 使用 Locust 进行负载测试

负载测试是软件开发中的一种通用实践，用于确定复杂系统在负载下的性能。负载是通过模拟用户的并发访问产生的。对 Web 资源（例如 API）进行负载测试通常需要编排多个代理，每个代理都需要有足够的互联网带宽和计算资源来模拟多个用户的活动。

在本节的场景中，我们计划验证 Biscotti Brutti Ma Buoni 示例程序后端的性能和功能，这个示例程序使用 Dapr 实现并在 Kubernetes 中运行。

Locust 是一款流行的开源负载测试工具。它允许你使用简单的 Python 脚本定义用户的行为，并且能够根据需求将用户行为分发到由主节点编排的尽可能多的工作节点上。

> **重要提示：**
>
> 我从 GitHub 代码库中了解到 Locust，该代码库由我的同事 Davide Mauri 创建，他是 Microsoft Azure SQL 团队的 PM。
>
> 这个代码库提供了部署脚本，允许你使用 Azure 容器示例（Azure Container Instances，ACI）作为 Locust 主节点和工作节点的计算选项。我个人向该代码库贡献了虚拟网络集成的部署选项。

有关在 Azure 上运行 Locust 的代码库已复制到本章的基本目录。我们可以使用以下命令克隆它：

```
PS C:\Repos\dapr-samples\chapter10> git clone https://github.
com/yorek/locust-on-azure.git
```

克隆仓库后，复制现成的 Locust 测试：

```
PS C:\Repos\dapr-samples\chapter10> copy .\loadtest\locustfile.
py .\locust-on-azure\locust
```

接下来打开 chapter10\locust-on-azure\locust\locustfile.py 文件来检查对应我们场景的 Locust 测试示例：

```
from locust import HttpUser, TaskSet, task, between
import random
import json
from datetime import datetime
import uuid
import string
…此处省略…
class APIUser(HttpUser):
    wait_time = between(0.1, 1)
    @task(50)
    def getbalance(self):
        SKU = RandomSKU()
        with self.client.get("/balance/%s" % SKU,
name="balance", catch_response=True) as response:
            if (not(response.status_code == 201 or 200)):
                    response.failure("Error balance: %s" %
response.text)
    @task(1)
    def postorder(self):
        http_headers = {'content-type': 'application/json'}
        payload = RandomOrder()

        with self.client.post("/order", json=payload,
headers=http_headers, name="order", catch_response=True) as
response:
            if (not(response.status_code == 201 or 200)):
                response.failure("Error order: %s" % response.text)
```

在上面的 Python 代码中可以看到一个随意命名的类 APIUser——Locust 将用户行为抽象成类。在测试中，我们只有一个类，执行带有@task 修饰的方法，其延迟在 100ms

到 1s 之间，由 wait_time=between(0.1,1)来表示。这个类有两种方法，每种方法具有不同的权重：getbalance 方法用于通过产品的 SKU 读取该产品的余额，修饰@task(50)，表示它的执行概率比模拟订单提交的 postorder 方法高 50 倍。

正如之前看到的，Locust 测试可以保存为一个简单的.py Python 文件。有关 Locust 测试更多的信息，请访问 Locust 网站。

现在我们已经了解了 Locust 测试示例的定义，并准备好了合适的测试示例，接下来可以运行它们来评估 Dapr 应用的性能。

10.4 Dapr 应用的负载测试

在我们激活更复杂的 Locust 测试基础架构 ACI 之前，最好先在本地检查并调试 Locust 测试脚本。

以下步骤将引导我们准备数据，以便在运行负载测试时触发自动伸缩机制：

1. 通过端口转发（port-forwarding）准备数据；
2. 在本地测试 Locust；
3. 在 ACI 中运行 Locust；
4. 配置 HPA。

首先，我们需要确保环境中有足够的数据以支持负载测试的场景，这将在 10.4.4 节中实现。

10.4.1 通过端口转发准备数据

在启动测试之前，我们首先关注测试数据：cookie 的 SKU 是从 cookie001 到 cookie999 随机组成的，并添加了 crazycookie，它是第 5 章中的主角。这个测试脚本可以从 chapter10\locust-on-azure\locust\locustfile.py 中获得。

示例 Dapr 应用的代码限制很少，你可以畅通无阻地订购库存为负数的商品。如果你有兴趣，还可以向代码添加验证和业务逻辑。

尽管如此，所有 getbalance 测试请求都将失败，因为所创建的 SKU 项目对于 Dapr 应用是不可知的。我们可以通过启动 C:\Repos\dapr-samples\chapter10\loader\generatedata.py Python 文件来准备数据。

这个数据生成器脚本没有什么特别之处，除它依赖对 ReservationItemActor 的访问以外，相应的 actor 服务示例没有通过 Ingress 控制器公开，而是调用标准的 Dapr API URL http://locahost:5001/v1.0/actors/ReservationItemActor/{id}/method/AddReservation，其中，{id}是随机生产的 cookie SKU。

要运行该脚本，我们需要使用端口转发技术将本地端口 5001 映射到 Dapr sidecar 的端口 3500，Kubernetes 中运行了 Dapr 应用的所有 pod 都要做此映射。

运行以下命令，可以获取相应 Dapr 应用 pod 的名称：

```
kubectl port-forward order-service-6c5f494bcb-qqs7g 5001:3500
```

通过端口转发技术，我们就可以访问在 Kubernetes 中运行的 Dapr sidecar。我们可以使用以下命令从 VS Code 或 Windows 终端启动 C:\Repos\dapr-samples\chapter10\loader\generatedata.py 脚本：

```
PS C:\Repos\dapr-samples\chapter10\loader> python .\generatedata.py
```

当脚本为 1000 个 ReservationItemActor 都创建示例后，我们就可以继续进行 Locust 测试。

10.4.2　在本地测试 Locust

使用以下命令在 Locust 中启动 chapter10\locust-on-azure\locust\locustfile.py 测试文件：

```
PS C:\Repos\dapr-samples\chapter10\locust-on-azure\locust>
locust -H http://<ingress>.<aks url>
```

使用-H 参数设置主机地址。由于测试脚本调用了接口/balance 和/order，因此主机地址应该包含基本路径和 Ingress 控制器定义的域名。

第一次运行脚本的时候，Locust 会告诉我们测试代码是否正确。我们先模拟生成较少的用户，如果没有遇到任何异常，这意味着测试代码中没有错误，此时可以增加用户的数量。

接下来将测试负载增加到 1000 个用户。

如图 10.3 所示，你会发现在单个节点中执行负载测试不是个好主意，因为节点很快就会抵达 CPU 瓶颈，从而没法继续给应用程序增加负载。

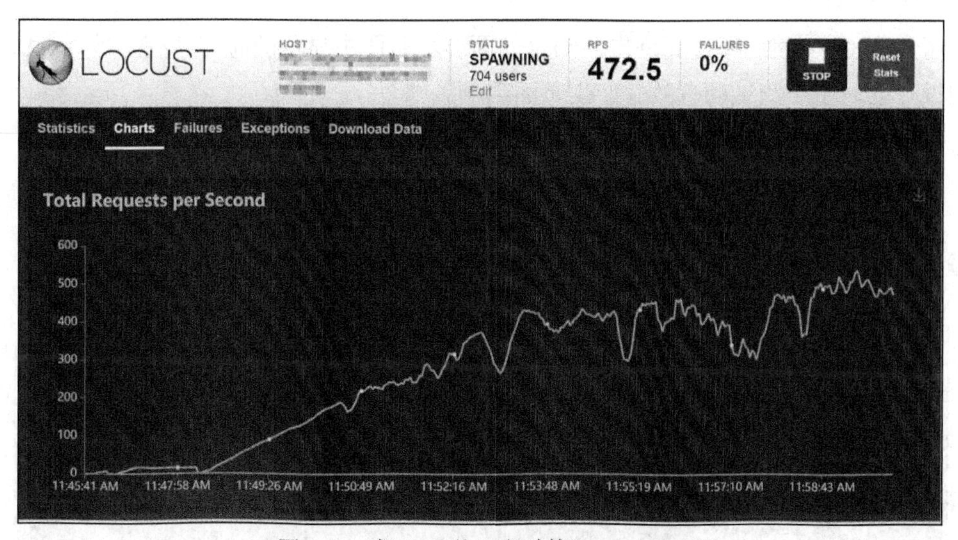

图 10.3　高 CPU 使用率时的 Locust RPS

在图 10.3 中，可以看到 Locust 仪表板。它显示每秒请求数（Requests Per Second，RPS）达到 400RPS 后进入稳定期，并且后续 RPS 没有大的波动。从 Kubernetes 的角度来看，我没有看到任何高 CPU 使用率。

在查看运行 Locust 的 Windows 终端会话时，我看到了以下输出：

```
PS C:\Repos\dapr-samples\chapter10\locust-on-azure\locust>
locust -H http://<ingress>.<aks url>/bbmb
[2020-10-31 11:46:56,730] XYZ/INFO/locust.main: Starting web
interface at http://0.0.0.0:8089 (accepting connections from
all network interfaces)
[2020-10-31 11:46:56,746] XYZ/INFO/locust.main: Starting Locust 1.3.1
[2020-10-31 11:48:21,076] XYZ/INFO/locust.runners: Spawning
1000 users at the rate 1 users/s (0 users already running)...
[2020-10-31 11:51:57,393] XYZ/WARNING/root: CPU usage above
```

```
90%! This may constrain your throughput and may
even give inconsistent response time measurements! See https://
docs.locust.io/en/stable/running-distributed.html for
how to distribute the load over multiple CPU cores or machines
```

我正在本地开发机器上运行 Locust 来检查测试的质量。但是，正如输出中所报告的那样，我已经遇到了一个高压力下的 CPU。

考虑到 CPU 使用率过高警告，结合前面屏幕截图中显示的时间序列，本地 CPU 的限制很可能对整个测试的有效性产生负面影响。

现在我们已经停止了负载测试，接下来我们关注一下 Locust 提供的指标。

如图 10.4 所示，我们可以在 Statistics 标签中查看 Locust 提供的数据，该标签显示了每个任务的性能。此信息（包括异常和故障报告）也能够导出为 CSV 文件。

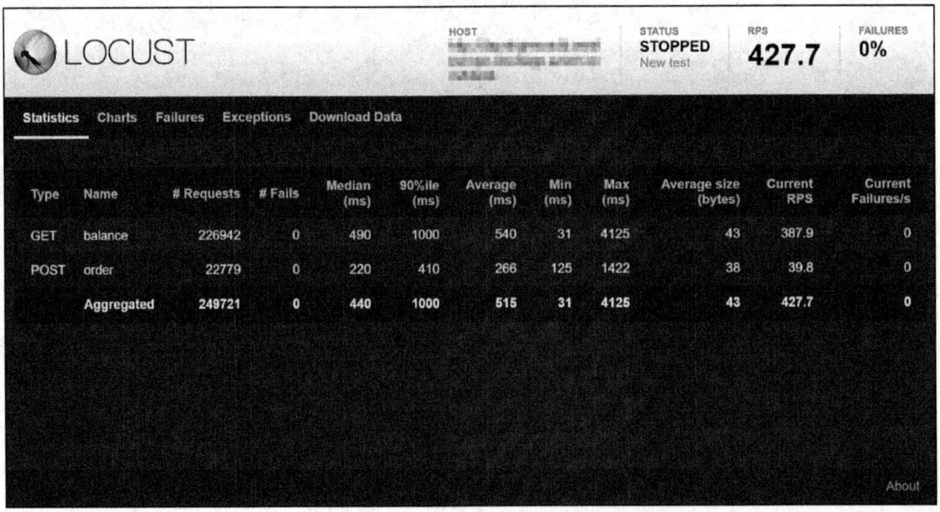

LOCUST　HOST　STATUS STOPPED New test　RPS 427.7　FAILURES 0%

Statistics　Charts　Failures　Exceptions　Download Data

Type	Name	# Requests	# Fails	Median (ms)	90%ile (ms)	Average (ms)	Min (ms)	Max (ms)	Average size (bytes)	Current RPS	Current Failures/s
GET	balance	226942	0	490	1000	540	31	4125	43	387.9	0
POST	order	22779	0	220	410	266	125	1422	38	39.8	0
	Aggregated	249721	0	440	1000	515	31	4125	43	427.7	0

About

图 10.4　Locust 测试统计

根据运行 Locust 的本地开发机器提供的 CPU 和网络带宽，以及站点的网络容量，你可能有不同的测试结果。

在本节中，我们学习了如何编写 Locust 测试、如何在本地进行测试、如何解释 Locust 指标，以及最重要的是认识到 Azure 的 Locust swarm 部署是一种好方法，因为它可以帮助我们摆脱本地资源限制，从而拥有有效的负载测试环境。

10.4.3　在 ACI 中运行 Locust

文章“Running Locust.io on Azure Container Instances”（参见 GitHub 网站）提供了 Locust on Azure 的实现，它利用了 ACI 资源以分布式模式（主节点和工作节点）执行 Locust。

虽然 AKS 的容器由 Kubernetes 编排，但 ACI 允许我们在无需编排器的情况下执行单个容器。

图 10.5 展示了此解决方案的组成方式。

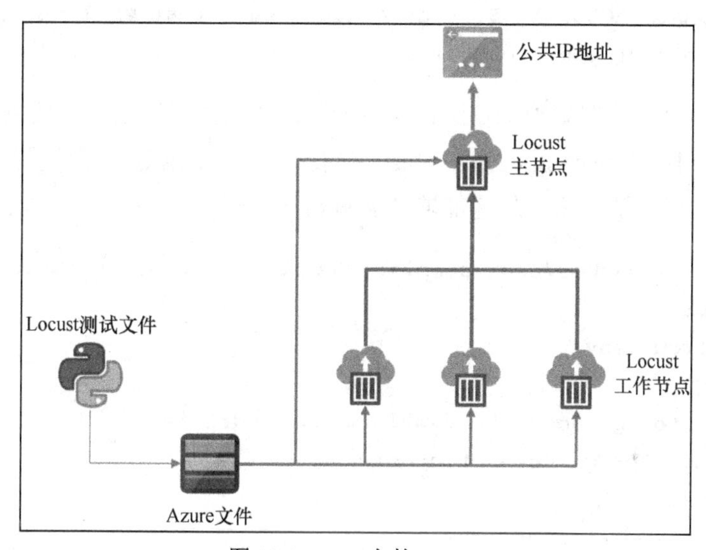

图 10.5　ACI 上的 Locust

执行\locust-on-azure\azure-deploy.sh 脚本可以激活该模板——该脚本可以在本章的工作目录中找到。该脚本将\locust-on-azure\locust 目录中的 Python 文件上传到新创建的 Azure 文件存储中。最后该文件存储被挂载在所有 ACI 上，工作节点与主节点的交互在 ACI 上激活 Locust。图 10.5 提供了一种向用户暴露 Locust 门户的方式。

由于在 Azure 上运行 Locust 是由 shell 脚本实现的，因此，我们需要运行 shell 的环境。如 10.1 节所述，我们可以使用 WSL，同时还需要运行命令 az login 登录和访问 Azure 订阅。完成上述操作后，就可以运行 azure-deploy.sh 脚本了：

```
master@XYZ:/c/Repos/dapr-samples/chapter10/locust-on-azure$ ./
azure-deploy.sh
```

```
Environment file not detected.
Please configure values for your environment in the created
.env file and run the script again.
TEST_CLIENTS: Number of locust client to create
USERS_PER_CLIENT: Number of users that each locust client will
simulate
SPAWN_RATE: How many new users will be created per second per
locust client
HOST: REST Endpoint to test
RESOURCE_GROUP: Resource group where Locust will be deployed
AZURE_STORAGE_ACCOUNT: Storage account name that will be
created to host the locust file
```

如 10.4.2 节介绍的在本地执行测试脚本所述，我们需要指定一些变量来描述目标环境。我们在同一目录\locust-on-azure\locust 下的.env 文件中指定了需要设置的环境变量，当脚本执行完成时，资源将成功地部署到 Azure：

```
master@XYZ:/c/Repos/dapr-samples/chapter10/locust-on-azure$ ./
azure-deploy.sh
loading from .env
starting
creating storage account: daprlocustsharedstorage
retrieving storage connection string
creating file share
uploading simulator scripts
uploading /c/Repos/dapr-samples/chapter10/locust-on-azure/
locust/locustfile.py
Finis
hed[#############################################]  100.0000%
deploying locust (10 clients)...
locust: endpoint: http://<omitted>:8089
locust: starting ...
locust: users: 1000, spawn rate: 10
```

部署完脚本后，我们会得到 Locust 门户的端点。

现在我们已经为在 Azure 上运行的 Locust swarm 找到合适的测试平台，不再受单个工作站的 CPU 和带宽限制，下一步准备启动新的测试。

10.4.4　配置 HPA

在本章前面的内容中，我们了解了 HPA 的运行方式，现在是时候看看它的实际效果了。

我们可以在 Locust 门户启动测试脚本。这一次我们可以通过 ACI 主节点的公共 IP 地址访问 Locust 门户，地址见 10.4.3 节中的输出。

目标是向 API 执行 1000 个并发用户的压力测试。可以在 Locust swarm 开始模拟用户请求时使用命令 kubectl get hpa -w 来检查 HPA 的行为：

```
PS C:\Repos\dapr-samples\chapter10> kubectl get hpa -w
NAME                              TARGETS     REPLICAS   AGE
customization-service-hpa         78%/50%     1          14m
order-service-hpa                 139%/50%    1          14m
reservation-service-hpa           185%/50%    4          14m
reservationactor-service-hpa      147%/50%    1          14m
shipping-service-hpa              2%/50%      1          14m
reservation-service-hpa           255%/50%    1          14m
customization-service-hpa         78%/50%     2          14m
order-service-hpa                 139%/50%    3          15m
reservationactor-service-hpa      142%/50%    4          14m
reservation-service-hpa           255%/50%    4          15m
customization-service-hpa         10%/50%     2          15m
order-service-hpa                 29%/50%     3          15m
reservationactor-service-hpa      66%/50%     8          15m
shipping-service-hpa              2%/50%      1          15m
reservation-service-hpa           142%/50%    8          15m
reservationactor-service-hpa      66%/50%     10         15m
reservation-service-hpa           142%/50%    10         15m
```

上述输出删除了一些无关的列，以便更好地说明 HPA 强制增加了副本。这是由 reservation-service 和 reservationactor-service 应用的 CPU 使用率增加所触发的。由于这两个 Dapr 应用执行了整个解决方案中的大部分操作，因此上述副本添加行为是意料之中的。

我们将上述数据绘制在图表上，如图 10.6 所示。

正如我们所见，reservation-service 和 reservationactor-service 应用的 HPA 迅速扩展到 10 个 pod，并且在测试期间保持了在 HPA 中设置的最大副本数。完成此操作后，HPA

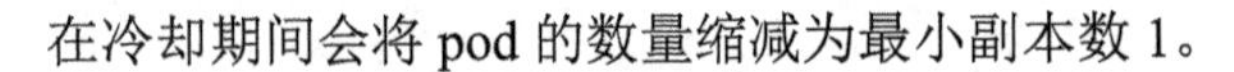

在冷却期间会将 pod 的数量缩减为最小副本数 1。

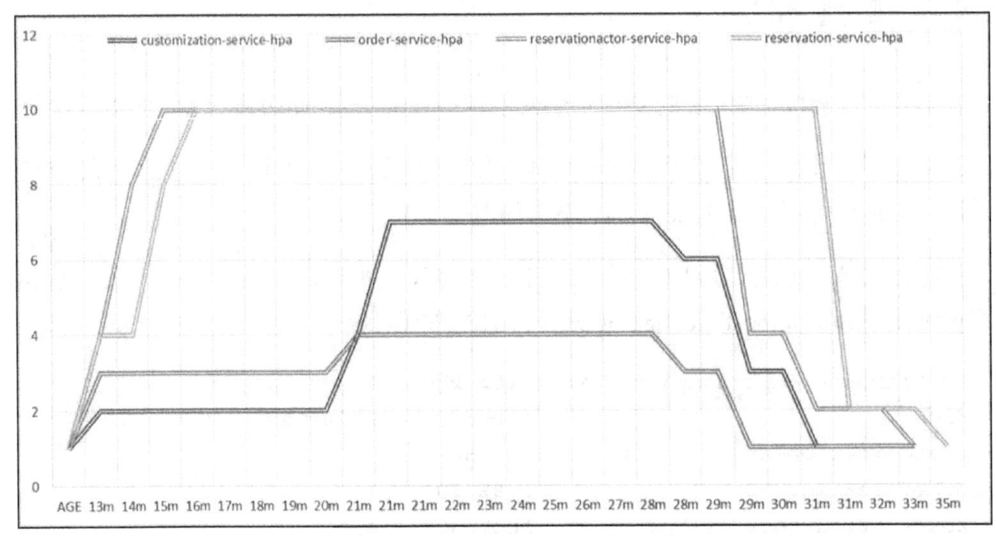

图 10.6　HPA 增加副本和减少副本

在负载测试期间还有其他几个方面需要考虑：Dapr 状态存储和发布/订阅也会影响负载测试结果。如图 10.7 所示，在这个 Locust 负载测试结果中，我们可以看到一些值得深入调查的响应时间峰值。

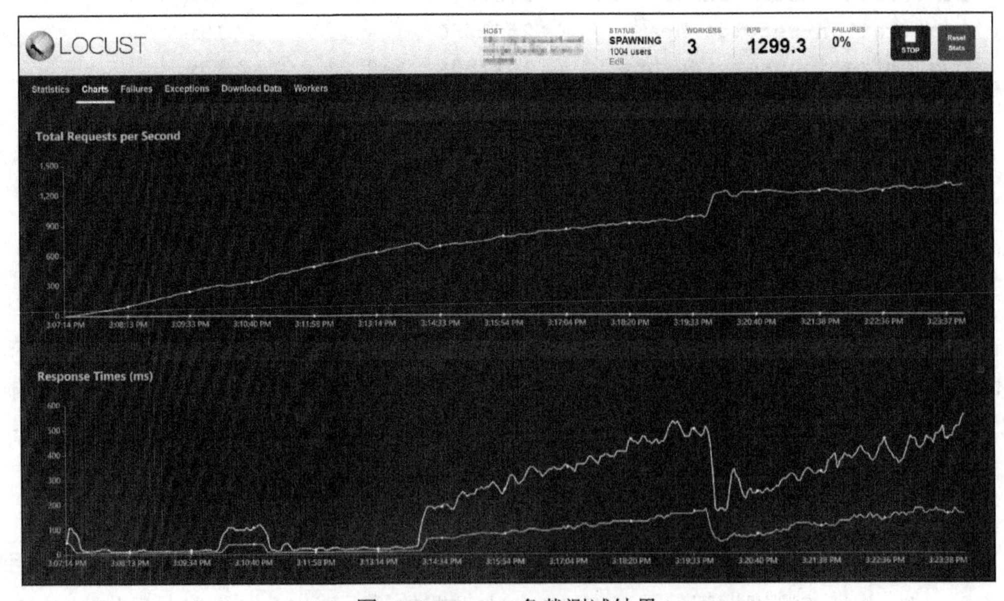

图 10.7　Locust 负载测试结果

通过查看 Locust 门户，可以看到设置更多的副本数可能会产生积极的影响。

我们模拟了 1000 个并发用户发出请求与 Dapr 应用 API 交互的情况。负载测试结果显示端到端响应时间约为 0.5s，每秒可以处理近 1200 个请求，这是一个令人满意的结果。

在完成负载测试之旅之前，我们先了解一下另一个自动伸缩选项。

10.5 使用 KEDA 进行自动伸缩

到目前为止，我们已经了解 HPA 是由部署 pod 的 CPU 和内存指标触发的。

基于 Kubernetes 的事件驱动自动伸缩（Kubernetes-based Event-Driven Autoscaling，KEDA）是 CNCF 的一个项目，它旨在扩展 Kubernetes HPA 的功能，从而使 HPA 对 Kubernetes 集群外部资源的指标做出反应。

你可以在 Dapr 网站上的文章“Autoscaling a Dapr app with KEDA”中了解有关 Dapr 上下文中 KEDA 的更多信息。

考虑到在示例程序中广泛采用 Dapr 的发布/订阅构建块，根据在底层消息系统（在我们的案例中是 ASB）中累积的消息数量来增加（或减少）pod 的数量是明智的。如果入队消息的数量增加，我们可以添加更多 pod，以便 Dapr 将消息出列，由 ASP.NET Core 代码来处理消息的请求。

概括地说，如果我们希望对处理过程中压力以外的负载进行预测，那么对传入消息的指标做出响应是有用的。

KEDA 为 Dapr 支持的大部分发布/订阅组件提供伸缩器，这使其成为我们可以使用的强大工具。

10.6 小结

在本章中，我们学习了如何通过部署配置来伸缩 Dapr 应用的 Kubernetes 资源，以及如何根据 HPA 的 CPU 和内存使用情况来自动调整副本数量。

本章探讨的概念为我们提供了在特定条件下测试 Dapr 应用的更可靠的方法：我们的整体解决方案——从 Kubernetes 集群的节点开始，包括数据库（状态存储）和消息总线（发布/订阅）——是否能够承受特定的负载？

即使我们不得不走出 C#和.NET Core 的领域来利用 Locust，我也认为学习流行的、面向开发人员的负载测试框架的优势仍然值得我们去努力。在 Dapr 中，Python 是通过 SDK 的方式支持的，可以用在服务和 actor 中，这会是我们学习 Dapr 的下一个阶段吗？

附录 A 使用 Dapr 的微服务架构

本章将讨论微服务架构对于构建现代应用的意义，以及探索作为运行时的 Dapr 如何能够使现代化微服务应用的开发变得更加容易，从而收获随之而来的更强大的生产力。同时深入理解为什么选择微服务以及如何从中获益能帮助你更好地运用 Dapr。

本章涵盖的主题如下：

- 发现微服务；
- 采用微服务模式；
- 构建电子商务网站架构；
- 使用 Dapr 构建微服务。

我们将从探索微服务架构设计的基本概念开始。

A.1 发现微服务

目前市面上很多书籍、论文和博客文章已经很好地描述并分析了微服务式架构。本附录的目标是向你展示使用微服务架构的优势和挑战，从而了解 Dapr 如何帮助我们创建基于 Dapr 的新应用。

微服务架构的反面是单体：没有人会承认他们构建过或者仍在开发单体应用。但投身于开发行业的大多数开发人员都在开发单体应用上花费了很多时间。单体应用，顾名思义，所有的业务能力或者特性都被浓缩于单一应用中，虽然很可能在 UI、服务器和数据库之间分层，但却不是以模块化或者分布式来设计的。

在微服务架构中，服务是用来支撑业务能力的，它们最有可能使用开放的协议进行通信，像 HTTP 和 gRPC，通过自动化进行构建和发布，能够独立部署，并且每一个微服务团队都可以采用最合适的语言和技术栈。

微服务是**面向服务架构**（Service-Oriented Architecture，SOA）的。接下来的内容将要介绍的概念如下：

- 服务；
- 自治；
- 自动化部署；
- 有界上下文；
- 松耦合；
- 事件驱动架构；
- 可观察性；
- 可持续性。

我们将在接下来的章节中单独探讨这些内容。首先从探索服务的核心概念开始。

A.1.1 服务

服务是能够完成业务流程的逻辑表示活动，主要包括向潜在客户售卖产品、支持客户解决产品问题，等等。

服务公开了一个 API，该接口定义了与服务交互的规范。

正如当今世界大多数开发人员所期望的那样，API 很可能被定义为基于 HTTP 的 REST API，但这个概念并不局限于特定的实现细节。例如，gRPC 也是暴露服务的一种流行的选择。

从客户的角度来看，他们其实并没有兴趣或者不需要了解服务的内部实现机制。对客户来说最重要的是 API 的合约、长期的稳定性和**服务水平协议**（Service Level Agreement，SLA）。SLA 表明了服务承诺的可用性和性能目标，以及在无法履行这些承诺的情况下的赔偿。

A.1.2 自治

正如 API 声明的那样，微服务在实现其目标时应该是自主的，而不管它对其他服务的依赖程度如何。自治也适用于运营和演进。

为了获得更多的自主权，服务应该限制与依赖服务协作的需求，依赖的服务越多，想达到期望的可用性和继续开发服务都会变得更加困难，因为其他服务的变更会不断地影响你的服务。

我们来看一个示例。一个应用有两个微服务，每个微服务都依赖于代码的公共部分。你已经识别出这个公共基础，并将代码的公共部分进行分离，进而构建成一个新的微服务。这有意义吗？从我的视角看并没有意义。相反，我们可以考虑将公共代码重构为库并通过包管理器 NuGet 进行分发，这样两个微服务就可以自由控制使用哪个版本以及何时更新它。

代码的公共部分是否是新业务的起点，这个业务是否会随着时间推移而增长？这个问题为业务场景提供了不同的视角，其答案偏向于引入第三个微服务，也意味着增加了服务之间的协调工作。

让其他服务依赖你的服务是一项不可掉以轻心的责任，因此你应该有充分的理由为该服务添加协调能力。

A.1.3 自动化部署

通过引入微服务，出于不同的原因，你都将拥有更多的可独立部署的代码单元（这是一个好处）。例如，不同的团队可能正在从事不同的项目。不管什么原因，你都需要采用持续部署实践和工具以自动化方式执行这些操作。否则，如果手动执行，微服务的构建和部署过程可能会比开发一个单体应用更加耗时。

A.1.4　有界上下文

有界上下文（bounded context）是一种起源于领域驱动设计[①]的模式。由于企业/大型应用的综合模型往往会演化得非常庞大，因此随着时间推移，其内部将会变得难以管理。将复杂模型拆分为更小、更独立且每个都有内聚目的的集成模型是一种解决方案。

例如，电子商务网站应用可能难以作为单一模型进行管理，但是难道你不认为将销售与售后（支持、产品退货、投诉处理）分开管理是一种简化的好方法吗？

微服务中的“微”代表了一种微型的概念。但应该根据哪种标准来衡量呢？是应用代码中类的数量、可移植的可执行文件大小，还是库的总数？

在我看来，微这个词并不有助于澄清概念，而用来表明微服务应该负责应用独立部分的有界上下文则有用多了。与单体应用相比，在微服务架构下，服务应用大小的显著下降是一个必然结果。

A.1.5　松耦合

借鉴 SOA 领域的经验，两个微服务之间的交互应该尽可能松耦合。如果你实现了这个目标，就可以在不影响其他服务的情况下部署一个服务。

这个目标可以通过实现间接交互（而不是直接请求-回复）的发布/订阅模式来达到。但是保持服务松耦合并不容易，这可能被证明是一项不可越过的任务，所以需要进一步的分析服务（或者微服务）是否在同一个有界上下文范围内，是应该保持独立还是应该组合在一起。

如果你觉得松耦合看起来和自治的概念紧密相关，那么你是对的。事实上，微服务的耦合程度越低，自治程度越大。

① 领域驱动设计（Domain-Driven Design，DDD）来自 Eric Evans 所著的 *Domain-Driven Design: Tackling Complexity in the Heart of Software* 一书。——译者注

A.1.6 事件驱动架构

事件驱动架构[①]是一种架构模式。在该模式中，事件（如状态或事实的变化）是为其他应用产生的，生产者并不知道消费者是谁，事件会被注意到并最终消费。例如，一个新的销售或者一个产品的数量已经达到0（这意味着它已经缺货），这是两种类型的事件。

使用这种模式，服务不是由直接调用触发的，而是由检测到的消息所触发的，消息代表着事件。本质上，双方——生产者和消费者——以适合自己目标的规模和速度运营，互不干扰。

要构建事件驱动架构，你可能必须利用消息总线来处理消息交换的复杂性。

A.1.7 可观察性

微服务架构带来了更多动态变化的服务组件，它们很可能在很多主机的大量示例中被频繁部署。因此，全面了解每一个微服务示例、每个协调点以及底层平台/运行时的所有组件的状态和行为，能够使得运维人员和开发人员的受众从大量的信息中更容易地获得可读的和可执行的情报，这是至关重要的。

与我们通常的经验相反，想要从所有的节点上访问日志不会有太大帮助。拥有一个能让你对微服务状态（是否运行，是否可用）一目了然的综合探测信息视图肯定是有用的，但是它不会告诉你随着时间的推移微服务能否一致地执行业务。你更想要实现的是彻底追溯每一个请求，因为这些请求跨越了微服务之间的上下文边界，甚至是底层的存储和服务。

A.1.8 可持续性

考虑到当前我们正面临着快速升温的气候危机，所以可持续经营也是备受关注的，并且最近我已经感受到可持续软件工程社区的成长。

可持续软件工程是一个将气候科学和软件架构相结合的新学科——通过影响数据库中心和硬件中心的设计来影响电力的生产。

---

① 事件驱动架构（Event-Driven Architecture，EDA）是一种软件架构范式，用于促进事件的产生、检测、消费和反应。——译者注

开发人员、应用分析师和应用所有者都应该考虑运行应用消耗的电力所导致的碳影响，并通过所有可能的方式来降低碳排量，或者至少使其适应潜在能源供应的条件。这个学科的一个完美例子是 Kubernetes 的低碳调度器，它能够帮助开发人员将应用容器移动到碳排量最低的位置。Dapr 也会影响这个可持续运动，因为 Dapr 使微服务应用的编写和处理变得如此简单——为微服务增加可持续性功能选项应该不用花费太大力气，另外，实现一个不浪费资源的软件架构无论如何都符合我们自己的利益。

既然我们拥有对微服务架构核心概念的共同理解，那么接下来看一下采用它之后可能带来的好处。

A.2　采用微服务模式

微服务架构给应用带来了什么好处呢？为什么我们应该从单体应用迁移到微服务呢？

考虑到目前为止描述过的概念，以下清单比较完备地列举了采用微服务架构可以实现的改进。

- **演化**：拥有多个小的团队，每一个团队都使用最匹配他们目标的工具、语言和平台，这是常见的。通过定义一个更加简单和更加小的（有界的）应用上下文，能够让应用的演化和成长更加迅速、更加可靠，从而使得业务拥有更好的影响力。
- **灵活性**：通过尽可能的自治并以一种松耦合的形式与其他服务交互，微服务将获得很多而对单体架构来说不可能的机会：改变持久化层、采用新的库或者甚至切换到一个不同的技术栈，现在这样都变成了可能。只要对其他微服务没有影响，每一个团队都可以自由选择他们自己的创新路径。
- **可靠性**：代码质量并不会因为它是在一个微服务中而自行改善，但拥有一个更小的范围并且能够被独立地部署，使得它能够更容易被自动化测试，同时也会增加它的可靠性。
- **伸缩**：微服务允许你根据需求部署尽量多的示例，动态地增加和减少它们（横向扩展和纵向扩展）。你还可以在不受外部影响的情况下选择合适的资源，例如一个特定的数据库或者一种机器类型（支持向上扩展和向下扩展），机器配备一个特定的 CPU，可以使你的代码在上面更好地运行。这些新的功能使得应用能够获得更高的吞吐率，与其他方法相比更加高效。

> **重要提示：**
>
> 微服务拥有易伸缩的优势，并且自带伸缩和协调资源的能力，在将应用迁移到Kubernetes时微服务通常被用作默认的架构。
>
> Kubernetes是托管微服务架构的一个好选择，某种程度上像Azure Functions一样的**功能即服务**（Function as a Service，FaaS）的产品也是如此。
>
> 在FaaS中，关注点仅仅放在应用代码上，与基于容器的部署相比更深层次地抽象了基础设施层。
>
> 需要注意的是，你应该保持主题的独立。对于单体应用，Kubernetes可能是一个更合适的托管平台，它可以将整个应用部署到一个pod中。

微服务架构给应用带来的所有好处都将转化为你的产品在市场中对抗竞争的优势。

本书专注于我们深爱的.NET Core，但是它很可能不是你的应用所使用的唯一编程语言。如果你的应用需要利用机器学习，无论是针对现有模型还是训练新模型，使用Python会更加方便。因此，如果你的架构范式允许你选择对任务来说最合适的技术，那就充分利用就业市场，这将成为不可低估的战略优势。

自省这个问题是一个很好的练习：我们是否应该总是采用微服务？

因为微服务架构是软件设计和构建道路上经过无穷无尽改进之后的结果，所以在日常工作中采用最新的和最好的架构取决于我们的架构师和开发人员。

不过，只有在技术能够带来净收益的情况下才应该采用。

如果只有一个团队（包含几个成员）开发应用，那么将单体应用分离为微服务并不会让这个团队的工作变得容易，这个团队需要处理更多的项目、更加复杂的依赖关系，而且需要分离持续部署工作流。

对于无限的资源，一个单体应用可能可以通过增加你选择的托管示例，例如一个虚拟机，以达到扩展的目标。只要有更加强大的虚拟机可用，你的单体应用将总会有成长的空间。

微服务架构作为可伸缩性的佼佼者可能远远超出你的需求。另外，单体应用的构建并不是为了解决更新管理的问题，也不是为了协调多个主机和大量示例的复杂性。

如果团队在自动化测试和 CI/CD（也就是整体的 DevOps 文化）上没有达到足够的成熟度，那么采用微服务和处理所有前面提及的问题可能会是一个巨大的挑战。然而，如果时间和资源对你有利，可以尝试一石二鸟。

最后，在你的应用中识别清晰的上下文边界可能变得困难，这可能是因为它们仅仅执行十分特定的任务而已。在这些情况下，进一步将应用拆分为微服务可能不会有明显的好处。然而，在长期来看，采用相同的模式并且瞄准微服务架构可能会帮助你。

A.3　构建一个电子商务网站架构

本书的目标是展示 Dapr 如何支持开发人员和架构师的工作：通过微服务架构来构建应用。在学习本书的整个过程中，通过讨论一个虚构的场景来看在应用中使用每一个 Dapr 特性是有帮助的：在日常生活中我们作为电子商务网站的客户或者创建者的场景。

一个电子商务网站需要支持很多功能，例如，设置目录并且使它能够被客户浏览、拥有一个能够被促销引擎影响的价格模型、管理购物车、收集客户信息、处理订单、满足订单以及协调货品运送等。

贯穿本书，我们基于一个虚构的电子商务网站 Biscotti Brutti Ma Buoni 的场景构建示例解决方案。这是个专业制作和定制饼干的网站：它们的大部分客户不买普通的饼干包，而是为特别场景订购定制的版本。Biscotti Brutti Ma Buoni 因它们在饼干销售业务上以数字化方式处理复杂场景的能力而广为人知。

以这个虚构的电子商务网站例子开始，我们将探索其组件的上下文。我们希望将所有组件作为微服务包含在解决方案中。

A.3.1　定义有界上下文

由于我们不能直接采访这个虚构电子商务网站的商务和领域专家，因此我请求你暂停怀疑业务的真实性，就当作你正在观看一场演出。假设我们就图 A.1 展示的有界上下文达成共识。

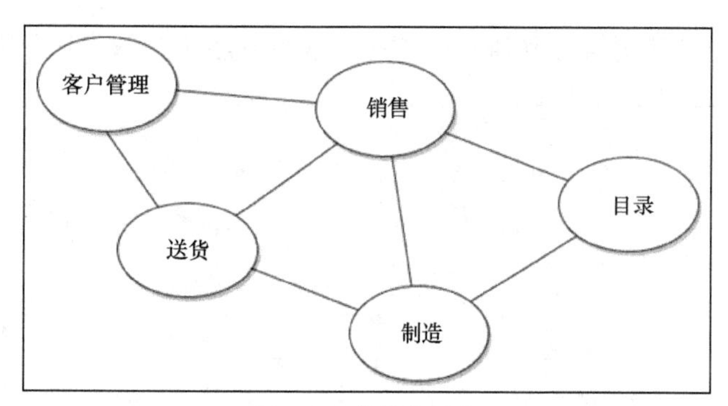

图 A.1　有界上下文

我们将注意力集中在图 A.1 中展示的几个上下文中。

- **销售**：由于大多数商品是按需售卖并且可能需要定制，因此，只有在制造过程活跃的情况下，才会接受销售订单。在制造过程中，库存是与销售相关的：如果一条产品线因为缺少一个特定的原料或者设备的某部分损坏而暂时不可用，订单可能会被挂起或者被取消，并且这个商品会在前台商店变成不可选。
- **制造**：对 Biscotti Brutti Ma Buoni 来说，幸运的是，大部分售卖的商品是用相同的面团制作出来的，所以主原料的规划是很简单的。由于着色剂和其他糖衣的原料更加多样，因此定制也变得越来越复杂。制造最终商品的请求由实际的销售数量决定，但是原料的提供是由机器学习模型驱动的，模型已经将季节性和短期销售等影响原料的因素考虑在内。制造也包含定制饼干。
- **送货**：送货对于所有的电子商务网站来说举足轻重，因为现在客户已经习惯了下单后立即送货。对于易腐烂的和精致的物品，履行订单时需要最大程度的照顾。

为了在本场景中更好地探索 Dapr，上述有界上下文之间的连接由 Dapr 的服务调用构建块和发布/订阅构建块来协调，而不是通过数据副本或者其他任何方法来实现的。

A.3.2　示例：销售微服务

针对这个例子，我们进一步分析电子商务网站饼干销售的有界上下文，并用以下微服务表达，如图 A.2 所示。

正如我们看到的，一个销售订单的提交触发了订单准备的工作流，其中交互由松耦合的发布/订阅模式实现。当订单状态更新时，reservation service 通过感知相关事件，而被通知产生相应的响应。一旦订单准备工作流成功完成，它将会触发接下来的送货服务。

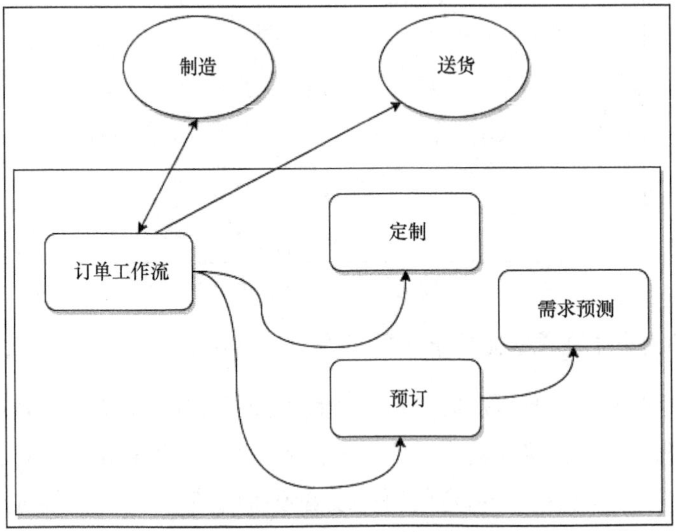

图 A.2　销售有界上下文

A.4　使用 Dapr 构建微服务

在采用微服务架构的过程中，Dapr 如何帮助我们构建这个电子商务网站应用？

在本节中，我们将了解关于 Dapr 为微服务架构带来的具体好处。首先从探索松耦合的微服务开始。

A.4.1　松耦合的微服务

使用 Dapr 中的发布/订阅模式，我们可以实现两个目标。Dapr 不仅使得所支持消息系统的使用变得透明，例如 Redis、RabbitMq、Azure Service Bus 和 Azure Event Hub，它也提供了管道代码，负责处理消息操作并保证至少一次消息递送。

两个微服务，通过发布/订阅模式向另外一个发送事件，采用松耦合的连接来协调。如果消费者正在处理一个临时的问题，生产者发送的信息将会安全地待在所选择的消息子系统里，等待消费者回来并且获取它。

A.4.2 自治的微服务

使用 Dapr 的微服务能够仅通过指定应用唯一标识来调用。接下来 Dapr 的职责包括发现在托管环境（大多数情况可能是 Kubernetes）中运行的服务，如何访问服务，以及如何通过一个安全的通信频道处理服务的请求和响应。

随着时间推移，即使被调用的服务在演进的过程中为了改变数据层或者数据存储自身而采用了不同的库集合，服务还是会以相同的方式呈现并操作业务逻辑。

A.4.3 可观察的微服务

在有界上下文“制造”中的微服务互相交互，同时也和其他有界上下文的微服务交互，而且它们也可以在众多不同的托管环境之间通信，这包括节点和 Kubernetes 的 pod 以及它们的状态存储、消息系统等。

很快你就会清楚，虽然来自 Kubernetes 基础设施的一堆日志是有帮助的，但是随着每一个活动的处理流程从一个步骤到下一个、从一个微服务到另一个，我们更需要的是对共享相同的客户旅程场景的分布式跟踪。

A.4.4 可扩展的微服务

Dapr 提倡使用 Kubernetes 作为微服务的托管平台，这样可以使得每一个独立的微服务能够在尽可能丰富的资源、pod 和节点上进行动态和快速地按需扩展。

在本书中，我们已经了解到使用 Dapr 创建微服务是非常容易的。从这个视角看，当提到定义架构的实现细节时，Dapr 使得架构师和开发人员只须考虑有界上下文和微服务分析，避免了不必要的微服务设计问题，并且 Dapr 不会强迫你的架构使用更多或者更少的微服务，但是它会明显地减轻初始工作量。

A.4.5 事件驱动的微服务

事件驱动架构可以通过许多方式实现。例如，我可以在代码里用一个循环通过长轮询的方法监控消息系统或者外部子系统的新消息。

在这个场景下，不管我是否依赖于一个 PaaS 或者 IaaS 的托管环境，我都会负责保持进程的活跃。我的代码可以利用一个库来使自己免于处理消息系统的内部细节，然而因为我必须保持监听事件，所以我仍然受到进程以及主机回收的影响。只有在这个复杂元素链的末尾，我才有表达业务逻辑的代码。

这是一个微妙但重要的区别：它没有库，但是依赖于运行时，它被设计在一个像 Kubernetes 这样复杂条件的环境下运行，而且能够快速恢复，将职责之下的代码降低到仅剩消息处理的逻辑，这便是 Dapr 提供的一个极大的优势。

A.4.6 无状态的微服务

一个无状态的微服务更容易根据需要分布到尽可能多的示例上，它拥有一个更快的生命周期，并且在处理失败和错误的情况时更加可靠。

然而，我们创建的许多（如果不是大多数的话）微服务都需要管理状态，不管它是用来支持处理请求的方式，还是它代表了代码处理的核心数据。

通过状态管理即服务和可插拔可互换的组件，Dapr 使得任何的微服务实际上都成为一个无状态的微服务。使用 Dapr 提供的可靠的状态 API，从服务代码中解除了把并发性和一致性考虑在内的状态管理的复杂性。

A.5 小结

总之，Dapr 对原生云开发人员拥有立竿见影的吸引力，主要原因是它可以在一个非常复杂的环境中提供灵活性和简洁性。正如微软公司的一个研究员同事经常告诉我们的，仅仅 10 年以前，一个开发人员的整个职业生涯可能都花费在构建今天的一个简单的扩展模块上。

这是开发的未来，除原生的云工具以外，Dapr 也让所有遗留的应用和编程语言组合到一起成为可能，一个完整的重构不再是唯一的现代化选择。